水资源承载风险研究

吕爱锋　韩雁　等　著

中国水利水电出版社

www.waterpub.com.cn

·北京·

内 容 提 要

本书作为对传统水资源承载力研究的创新与发展,从风险角度出发,对水资源承载风险的主要影响因子进行分析与识别;按照致险因子的危险性与承险体的脆弱性,构建水资源承载风险评估方法;从气候变化、城市化、产业结构变化等方面对全国水资源承载风险进行评估,在此基础上研发了水资源承载风险的监测预警技术与遥感动态监测系统。

本书可供研究水资源承载力、水资源风险评估的科技工作者与管理者参考,也可作为水资源安全评价、水资源可持续利用等专业研究生的参考书。

图书在版编目(CIP)数据

水资源承载风险研究 / 吕爱锋等著. -- 北京 : 中国水利水电出版社,2021.12
ISBN 978-7-5226-0248-6

Ⅰ.①水… Ⅱ.①吕… Ⅲ.①水资源－承载力－风险评价－研究 Ⅳ.①TV211

中国版本图书馆CIP数据核字(2021)第230349号

审图号:GS(2021)7863号

书　　名	**水资源承载风险研究** SHUIZIYUAN CHENGZAI FENGXIAN YANJIU
作　　者	吕爱锋　韩雁　等著
出版发行	中国水利水电出版社 (北京市海淀区玉渊潭南路1号D座　100038) 网址:www.waterpub.com.cn E-mail:sales@waterpub.com.cn 电话:(010)68367658(营销中心)
经　　售	北京科水图书销售中心(零售) 电话:(010)88383994、63202643、68545874 全国各地新华书店和相关出版物销售网点
排　　版	中国水利水电出版社微机排版中心
印　　刷	北京印匠彩色印刷有限公司
规　　格	184mm×260mm　16开本　11印张　268千字
版　　次	2021年12月第1版　2021年12月第1次印刷
定　　价	**98.00**元

　　近几十年来，全球面临着人口增长、经济发展、城市化、土地利用变化和气候变化等多种压力，致使水资源短缺、水质污染和极端水文事件发生的频率增加。同时为了满足发展需求，人类对淡水的需求也不断增长，加之土地覆盖土地利用、河道改道、水利工程及排水工程等人为基础设施建设，导致气候逐渐产生改变。在人类活动与气候变化的共同作用下，水资源循环不断被扰动，以至于水资源系统的稳定状态逐渐被破坏，原有的自然水循环已演变为自然-社会的二元水循环，从而使淡水资源供需两端的不确定性不断增加。水资源系统作为一个复杂巨系统，系统之中许多系统参数及其子系统的相互作用的不确定，会加剧水资源在生活、工业、农业及生态环境间分配的冲突，从而增加水资源系统风险。为了应对气候变化以及未来社会发展带来的不确定性，亟须发展基于机理过程的水资源风险管理，从而定量化水资源系统的不确定性及不确定性对社会经济和生态环境的影响，进而对水资源系统的不利事件进行风险防控，为水资源可持续利用与管理提供科学支撑。

　　关于水资源承载力的概念是在 20 世纪八九十年代提出的，"承载力"一词原为物理力学中的一个物理量，指物体在不产生任何破坏时的最大（极限）负荷。后来被用于群落生态学，其内涵是"在某一特定环境条件下，某个生物个体存在数量的最高极限"。随着人口、资源和环境问题日趋严重，三者都得到了较多的研究和探讨，承载力成为探讨可持续发展问题不可回避的研究课题，目前已在生态规划与管理等多个领域得到广泛的应用。水资源承载力是区域水资源可持续开发利用的重要依据。水资源承载力的评价受到水资源系统、社会经济系统、生态系统等多个系统共同影响，而每个系统都受到气候变化和人类活动的不确定性因素的影响，使得水资源承载力具有了明显的风险特征。作为水资源承载力研究的拓展与补充，开展水资源承载风险评估与风险预警技术研究，为水资源与经济社会协调发展提供了重要技术支撑，对于实现我国水资源可持续利用具有重要意义。

　　水资源承载风险是风险论与水资源承载力理论在水资源管理领域的跨学科综合，是水资源管理由事实管理向风险管理的必然趋势。水资源承载力受到水资源系统、社会经济系统、生态系统等多个系统共同影响。水资源承载风险是多个系统、多个因子共同作用的结果，使得水资源承载风险评估具有了明显复杂性。多学科综合的水资源承载风险的形成机理是水资源承载风险识别、监测与预警的理论基础，是基于风险的水资源承载管理所必须解决的重大科学问题。科学客观评估水资源承载风险，迫切需要研究水资源承载风险影响因子识别技术，并建立基于多因子综合评估的区域风险评估方法。针对当前缺乏这一问题研究的现状，本书将从以下6个内容，逐步展开水资源承载风险的评估与监测预警技术研究。

（1）水资源承载风险因子识别及其作用机理研究。通过解析气候变化、城镇化发展、产业布局等过程和因子对水资源承载力及负荷的影响路径，提出主要过程和因子影响水资源承载力及负荷的概念模式；研发主要过程对区域水资源承载力及负荷影响的评估方法，揭示气候变化、城镇化发展、产业布局等过程对水资源承载风险的作用机理。

（2）区域水资源承载风险评估方法研究。以水资源承载风险因子识别及其作用机理为基础，从水资源承载力及负荷的概念及其影响因素出发，分析影响因素的风险特征，并解析因子风险的传导过程及其传导效应，揭示水资源承载风险的形成机理；构建水资源承载风险识别指标的层次结构，研究建立多层次水资源承载风险指标体系；构建不同水资源承载风险识别指标权重的确定方法，研发区域水资源承载风险的评估方法。

（3）中国水资源承载风险评估。构建中国水资源承载风险评估因子数据库，开展中国水资源承载风险评估；分析中国水资源承载风险的时空分布特征，识别不同级别风险的空间分布及其主导因子，模拟评价不同情景下中国水资源承载风险特征。

（4）区域水资源承载风险监测预警技术研究。研发水资源承载风险分类分级方法，确定不同水资源承载风险类、级的阈值，并探讨阈值时空差异及其影响因素；以水资源承载风险分类分级和阈值为基础，研发从指标因子风险到水资源承载风险的多层次水资源承载风险监测预警方法，形成从单类因子预警到区域水资源承载风险预警的多层次预警技术体系。

（5）国家水资源承载风险遥感动态监测系统设计。明确和细化水资源承载风险遥感动态监测系统建设需求；研究以未来5～10年在轨国产卫星为主组网的大尺度水资源承载风险监测体系布局；对国家水资源承载风险遥感动态监测系统总体结构和信息获取体系、网络传输体系、数据管理体系、应用服务体系及保障支撑体系等进行设计，提出总体建设方案；基于水资源承载风险遥感动态监测系统总体建设方案，选择示范区进行系统原型建设。

（6）水资源承载风险图集制图规范与标准。作为对水资源承载风险研究的进一步补充与完善，制图规范与标准主要用于规范水资源承载风险图集的制图，为风险图集制图提供参考。

本书参加编写的人员分工如下：前言由吕爱锋撰写，第1章由李丽娟、李九一撰写，第2章由韩雁、张士锋撰写，第3章由韩雁、吕爱锋撰写，第4章由朱文彬、吕爱锋撰写，第5章由赵红莉、段浩撰写，第6章由吕爱锋撰写，第7章由韩雁撰写。本书大纲由吕爱锋负责制定，韩雁负责统稿。

本书是在"十三五"国家重点研发计划"国家水资源承载力评价与战略配置"（2016YFC04013）第七课题与"十三五"国家重点研发计划"重大自然灾害恢复重建规划、监测与评价关键技术研究"（2017YFC1502903）课题研究成果的基础上撰写而成。本书的顺利完成与课题组成员的共同努力是分不开的，在此对参加课题研究的人员表示真诚的感谢。

水资源承载系统涉及水资源、社会、经济、生态环境等方面，受气候变化、人类生产与生活的影响，水资源承载风险具有复杂的不确定性。针对目前还未曾有这方面的研究成果，本书尝试以风险理论方法来探究水资源承载风险评估与预警技术，尚有许多内容需要深入展开研究。由于作者水平有限，难免会有疏忽或者错误，在此恳请广大专家、读者批评指正。

作者

2021 年 9 月

目 录

第1章
水资源承载风险概念内涵与风险因子识别

美国学者 Haynes（1895）最早提出了风险的概念，他认为风险是某种事物遭到损坏的可能性。20 世纪中叶，风险一词被引入到灾害学中。政府间气候变化专业委员会（IPCC）发布的《管理极端事件和灾害风险推进气候变化适应特别报告》（SREX）认为灾害风险是由具有破坏性自然事件（危险性）与脆弱的社会相互作用而产生（IPCC，2012）。史培军（2005）提出的灾害系统风险理论，认为自然灾害风险应该是承灾体、孕灾环境和致灾因子三者结合的产物。在水资源系统中也伴随有风险的存在，一般认为水资源风险是在水资源系统中由不确定因素带来的不利影响与损失。

在水资源风险研究领域，国内外学者取得了一系列研究成果。阮本清等（2005）选取区域水资源短缺风险程度的风险率、脆弱性、可恢复性、重现期和风险度作为评价指标，研究了水资源短缺风险的模糊综合评价方法，对首都圈水资源短缺风险进行了评价。韩宇平等（2003）构建了风险率、脆弱性、可恢复性、重现期和风险度等评价指标来表征水资源系统风险。张士锋等（2009）在对京津冀地区水资源背景进行分析的前提下，计算了以年为时间尺度的风险指标，并对水资源风险属性（短缺性、波动性、脆弱性、承险性）进行分类。王红瑞等（2009）基于模糊概率理论建立了水资源短缺风险评价模型，对水资源短缺风险发生的概率和缺水影响程度给予综合评价。李九一等（2010）构建了由水资源供给保障率、水资源保障可靠性、水资源利用率和水资源利用效率等 4 项指标组成的区域尺度水资源短缺风险评估与决策体系，并给出了定量计算方法。钱龙霞等（2016）基于最大熵原理（MEP）和数据包络分析（DEA）建立了水资源短缺风险损失模型，模拟水资源的随机性和经济效益。

以上相关水资源风险研究虽然出发点有所不同，但具有共性，大多数都认为风险是由致险因子的危险性与承险体的脆弱性构成，风险也是由危险性和脆弱性共同作用的结果。

1.1 水资源承载系统解析与水资源承载风险

水资源承载风险研究首先需要对其概念与内涵进行界定，厘清与水资源承载力、水资源承载潜力及水资源短缺风险的区别，分析其风险的要素组成，为开展水资源承载风险传导与响应机制，及风险因子识别提供基础。

1.1.1 水资源承载风险的概念与内涵

水资源承载系统由 3 大组成部分构成（见图 1-1）：①承载体，即自然水文循环系统，包括水资源、水环境、水生态等要素；②承载对象，即人类生活生产活动，包括人口、农业、城镇等；③利用方式，包括工程、技术、管理等。由于利用方式的不确定性，水资源承载力研究难以直接回答承载对象的最大可承载规模，通常指承载体最大的可开发规模，即能够承载人类生活生产活动的水资源数量上限、水环境容量极限和水生态服务功能的总和。其中，水生态主要包含水域空间、水流动力两个要素。因此，水资源承载力主要涵盖水资源量、水环境容量、水域空间、水流动力 4 个方面，即"量、质、域、流"。

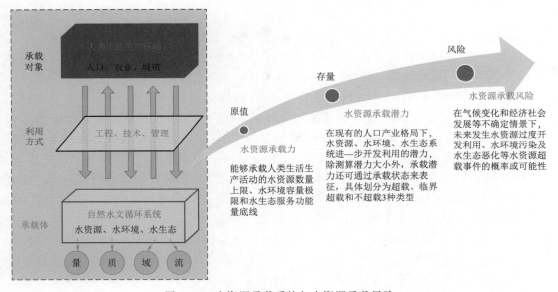

图 1-1 水资源承载系统与水资源承载风险

人类生活生产活动会对自然水循环系统产生影响，即占用水资源、降低水资源的承载力。在现有的人口产业格局下，水资源、水环境、水生态系统进一步开发利用的潜力，称为水资源承载潜力。除测算潜力大小外，承载潜力还可通过承载状态来表征，具体划分为超载、临界超载和不超载 3 种类型。对水资源的过度开发利用或者不合理的开发利用方式，会导致水资源系统出现超载现象，主要体现在水资源"量、质、域、流"4 个方面，即过量取耗水、超量排污、过度挤占水域空间、过度截留导致的水生境恶化。

水资源承载风险是指水资源超载事件发生的概率及损失，其不确定性主要体现在气候变化和人类活动两个方面。因此，本书将水资源承载风险定义为：在气候变化和经济社会发展等不确定情景下，未来发生水资源过度开发利用、水环境污染及水生态恶化等水资源超载事件的可能性或概率（见图 1-1）。水资源承载力与承载潜力是开展水资源承载风险研究的基础。在此基础上结合未来气候与社会经济要素变化及其对承载格局的影响分析，同时，研究水资源承载系统对要素变化的响应，进而确定区域水资源承载风险。

已有水资源系统风险研究，多集中在水资源短缺风险领域。与水资源短缺风险研究更侧重于服务水资源配置相比，水资源承载风险更侧重于识别区域水资源承载力、承载潜力及风险格局，进而服务于区域发展决策。由于风险内涵与研究对象的不同，评估方法与风险管理方法也有所不同，见表1-1。

表1-1 水资源承载风险与水资源短缺风险的区别

项 目	水资源短缺风险	水资源承载风险
风险内涵	水资源供需失衡，社会经济用水无法得到满足，造成的经济损失	人口产业过度集聚，破坏自然水循环系统，造成的经济和生态损失
研究对象	识别水资源短缺及其风险格局，服务于水资源合理配置	识别水资源承载力、承载潜力及其风险格局，服务于人口产业布局决策
评估方法	从供需关系入手，重点是研究水资源可利用量与水资源需求	从承载关系入手，重点是研究承载力与承载潜力
风险管理方法	通过节约用水与增加供水，改善区域水资源供需关系	通过水资源配置与人口产业布局相结合的方式，改变水资源承载格局

1.1.2 水资源承载风险组成要素

IPCC第五次报告给出了气候变化风险构成框架，指出气候变化风险产生的原因：①气候变化产生的危害物理属性；②人类经济社会的脆弱性与对气候变化的暴露程度。其可以归纳为气候变化危险性、社会经济脆弱性、对危险的暴露度3方面因素，风险正是由这3方面因素相互耦合作用而产生（IPCC，2012）。因此本章基于IPCC气候变化风险构成框架，结合水资源承载系统结构特征，认为水资源承载风险是由脆弱性（包括暴露度和易损性）和危险性共同作用的结果，其中脆弱性是指水资源承载系统的脆弱程度，危险性是指水资源承载系统所处环境发生变化的概率及其严重程度，见图1-2。

水资源承载系统由承载体、承载对象和利用方式构成，其脆弱性也体现在3个方面，即水循环系统脆弱性、社会系统脆弱性与利用方式脆弱性。

水循环系统脆弱性与水资源、水环境、水生态本底条件有关，如某地区受地理环境限制，降水不足，河流出现自然断流现象，从而引起河流的纳污、自净能力降低，水资源短缺，则该区域在风险因子影响下，易遭受到损害，其脆弱程度较高。社会系统脆弱性是指社会经济系统的脆弱程度，如在人口越密集和城市化程度越高的地区，其脆弱性越高。利用方式脆弱性是指开发技术水平的脆弱程度，用水技术和管理水平越高的地区，脆弱性越低。

水资源承载风险的致险因子是指可能导致水资源承载系统发生变化的因素，包括水循环要素变化、人类活动变化与利用方式的变化，具体体现在气候变化、经济发展与产业结构、人口增长与城镇化、技术进步与水资源管理等方面。气候变化直接影响水循环过程，也将改变农业需水规模，因此气候干旱的趋势越明显，水资源承载系统的危险性也越高。

耗水型产业比例增加，或经济增长速度过快，会导致水资源需求迅速增长，水资源承载系统的危险性也较高。人口增长及城镇化速度过快，会改变对水资源需求及其空间格局，水资源承载系统的危险性也会较高。用水技术和管理水平进步，会提高用水效率，则水资源承载系统的危险性降低。水资源承载风险传导过程见图1-3。

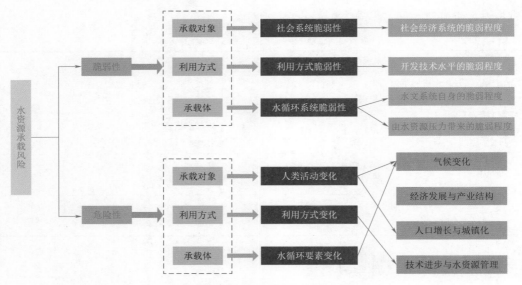

图1-2 水资源承载风险要素构成

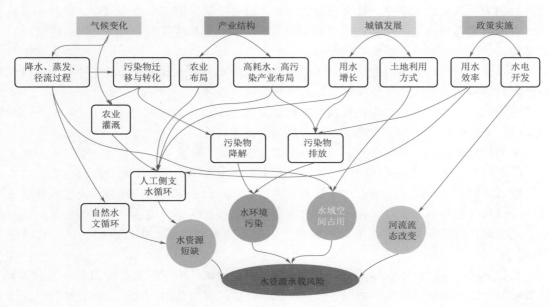

图1-3 水资源承载风险传导过程图

1.2　水资源承载风险影响因素及其响应机制

水资源承载系统既包含自然方面的要素，也包含人类经济社会方面的要素。因此水资源承载风险也要从气候变化和人类活动这两方面入手进行分析。

1.2.1　气候变化对水资源承载风险的影响

气候变化通过大气环流、冰川和积雪等条件变化引起降雨、蒸发、入渗、土壤湿度、河川径流、地下水等一系列的变化，改变自然水循环过程，引起水资源在时空尺度上的重新分配，并通过水资源管理系统及经济社会系统，进一步影响到水资源在不同用户之间的分配，引起水资源供需不平衡，导致水资源超载事件发生具有不确定性与随机性（李峰平等，2013；秦大河，2014）。

气候变化通过常态与极值过程的改变影响供水、需水及水资源配置与调度，从而对水资源承载系统产生风险扰动。一方面，气候变化会引起降水和径流的变化，从而影响可供水总量和时空分布；随着气温与蒸散发的增高与增多，生产、生活、生态需水量呈增长趋势，经济社会系统对水资源的需求过程也随之发生变化。另一方面，受气候变化影响，降水与蒸发的极值事件增加，进一步加剧了水资源的供需矛盾；供需水格局的变化与以旱涝事件为主要特征的极值过程共同影响了水资源承载风险。气候变化对水资源承载风险的影响见图1-4。

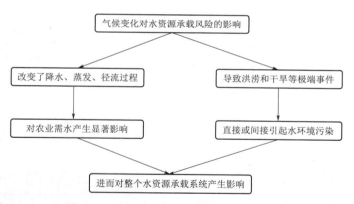

图1-4　气候变化对水资源承载风险影响

1.2.1.1　气候变化改变了降水、蒸发、径流过程

在全球变暖的背景下，气候变化主要通过降水和气温的变化影响径流的季节性分布，进而影响供水（Xu et al.，2010）。大气环流变化引起降水时空分布、强度和总量的变化，而雨带的迁移和气温、空气湿度、风速的变化及太阳辐射强度的变化则直接影响土壤水、蒸发及径流的产生，从而影响水资源的供给。气候变化对降雨、蒸发与径流的影响如图1-5所示。

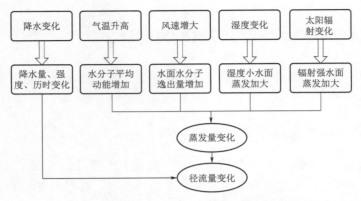

图 1-5　气候变化对降水、蒸发与径流的影响

气温作为热量指标对水资源的影响主要体现为：影响蒸散量、改变降水形态；改变下垫面与近地面层空气之间的温差，从而形成流域小气候；改变流域的下垫面，从而导致流域水分渗蓄情况的变化，增加径流的蒸发、下渗耗损。在以冰川积雪融水补给为主的区域，气候变化对径流的影响极其明显，气候变化降低了供水可靠性，冬季温度升高，降雪减少，春季融雪时间提前，年径流峰值由夏季变为春季，使得旱季依赖于冰川融水补给的地区干旱风险加大，水资源不足，供水保证率降低，加剧了水资源承载力的风险（陈亚宁等，2017）。气温和降水等气象要素的协同作用，会给区域水资源供给带来不确定性，并增加了水资源承载的风险。

气候变化最重要的是改变了区域水文循环，引起极端事件（如洪水、干旱、台风等）在世界范围内频繁发生。降水是区域气候特征的重要变量，是评估水资源和控制洪涝、干旱的出发点，同时也是确定地表径流变化和水资源适用性的重要指标，特别是在生态脆弱区和中低纬度地区。在干旱和半干旱地区，降水是农牧业生产的主要限制因子，因此降水变化在区域农业发展、水文循环和经济发展中扮演着重要的角色。

图 1-6 和图 1-7 显示，降水量与 PDO、MEI 确实存在年际和年代际尺度显著共振周期，这至少说明大尺度的气候因子作为外部驱动力，是降水量发生年际和年代际变化的重要原因之一。

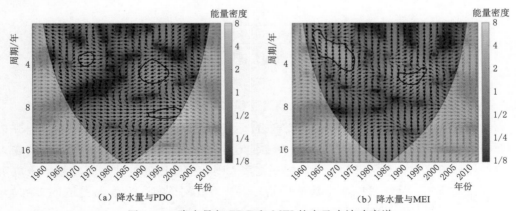

（a）降水量与 PDO　　　　　　　　　（b）降水量与 MEI

图 1-6　降水量与 PDO 和 MEI 的交叉小波功率谱

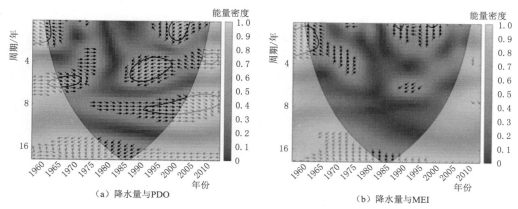

(a) 降水量与PDO　　　　　　　　　　　　　(b) 降水量与MEI

图 1-7　降水量与太平洋代际涛动指数（PDO）和多变量厄尔尼诺-南方
涛动指数（MEI）的相干小波功率谱

1.2.1.2　气候变化导致洪涝和干旱等极端事件

　　随着温度的升高，大气持水能力增强、水体蒸发增加，加大了气候变化的强度，引起强降水和极值事件的频繁发生，主要反映在洪涝与干旱等极端事件发生的强度和频率上，如干旱或洪涝的强度增加，持续时间比过去更长等（Boo et al.，2006；Choi et al.，2010）。

　　根据《中国 21 世纪议程》，在全球气候变化的影响下，我国北方河流可能出现长达20 年左右的枯水期，南方的河流则可能出现大洪水，全国旱涝灾害将更趋频繁。近 50 年来中国主要极端气候事件的频率和强度出现了增加的趋势（翟盘茂等，2003），特别是进入 20 世纪 90 年代以来，我国多次发生流域性大洪水和大范围干旱，给我国的社会经济发展带来重大损失。这使得在原本水资源不超载的区域，由于极端事件的发生，扰动了区域水循环系统，使得水资源满足不了经济社会的需求，水资源超载的可能性和概率加剧，水资源承载风险也增加了。气候变化对极端事件的影响过程见图 1-8。

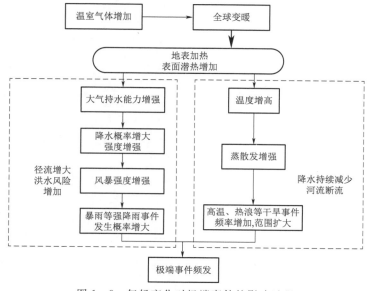

图 1-8　气候变化对极端事件的影响过程

1.2.1.3　气候变化对农业需水产生显著影响

气候变化通过改变大气系统的辐射平衡，引起气温升高、蒸发量增加和降水变化，从而影响灌溉用水定额、需水过程和需水总量（见图1-9），增加不同用水户之间的竞争，加剧了供需矛盾，使得水资源供给满足不了受气候扰动下用水系统的需求，导致了水资源超载事件发生，进而影响水资源承载风险。

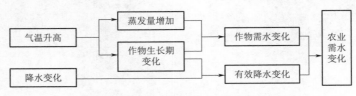

图1-9　气候变化对农业灌溉需水量的影响

气候变化对工业和生活需水的影响相对于农业要小。当夏季出现持续高温时，生活需水量加大，高峰期的用水量对气候变化较敏感（张华丽等，2009）；对工业需水的影响主要集中在气温对冷却水的需求量方面，气温每升高1℃将导致冷却水需水量增加1%～2%（王建华等，2010）。

气候变化对"三生"需水的影响主要集中农业需水方面的影响（Gao et al.，2015），作物的需水量由灌溉定额、种植结构和覆盖面积等共同决定。有效降水和积温及极端气温的变化直接影响植被的生长发育情况（晏利斌等，2011），包括生育期开始、持续日数和结束时间。有效降水和积温的总量与时空分配导致作物生长期的变化，改变灌溉定额，从而引起作物需水量的变化。

1.2.1.4　气候变化会直接或间接引起水环境污染

降水将积聚在地表的污染物冲刷进入河流或湖泊等水体，造成流域范围内地表水甚至地下水的污染，尤其在农田或工业用地附近会形成严重的非点源污染（Marshall et al.，2008；夏星辉等，2012）。因此，降水强度和频率的变化都会影响非点源污染，降水强度决定着淋洗和冲刷地表污染物质能力的大小，降水频率和数量决定着稀释污染物的程度，直接影响水环境质量。

气候变化引起温度升高，对水体水温分层产生影响。水温分层使得深水层 CO_2 浓度增加，底层的氧化态物质易被还原积累，并且在一定条件下可能随着水体垂向交换而释放到表层水体，导致表层水体污染事件的发生。另外，全球气候变化加剧了水体的富营养化。大量研究表明，温度是水体富营养化的决定性影响因素，大部分水华暴发都出现在高温、强光时节（申哲民等，2011）。

随着气候变化，光照时间和强度也会发生变化，并且通过影响水生生物的光合作用将间接对水质产生影响。此外，风作为大型湖泊水流运动的主要驱动力，不仅决定了湖泊环流结构及流速大小，同时通过水流运动的载体作用影响入湖污染物的迁移扩散，风速的变化也会影响湖泊水体的自净能力（Yoshimasa et al.，2010）。

气候变化引起的水环境污染，不仅降低了水体的使用功能，而且打破了生态系统的平衡，进一步加剧了水资源短缺，致使水资源承载风险受到影响。气候变化对水环境质量的影响见图 1-10。

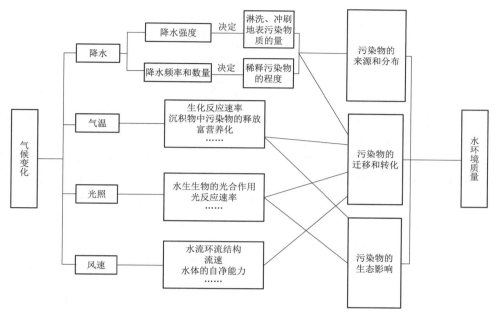

图 1-10　气候变化对水环境质量的影响

1.2.1.5　气候变化对水生态系统产生影响

湖泊是气候与环境变化的敏感指示器，湖泊面积与水位的变化可以客观地反映流域的水量平衡过程。湖泊的变化受到人类活动和气候变化的双重影响，其中气候变化是引起湖泊变化的主要原因，它在大的时间尺度上决定湖泊的变化趋势。气候变化会通过降水、气温、蒸发等影响湖泊湿地。研究表明水域面积与年降水量之间存在正相关，此外气温升高、蒸发加大和日照时数增加可以引起水域面积的萎缩（Wu et al.，2016）。

湖泊水位与面积的变化与该地区的降水变化有很大关系。气温升高导致冰川冻土融化，使得赛里木湖及内蒙古东部、蒙古高原北部的湖泊水位上升（陈锦等，2009）；由于温度和蒸发量的上升，自 2000 年以后，呼伦湖水域面积和水位下降速度加快（张娜等，2015）；新疆湖泊总体上受降水影响显著，但冰川的存在使气温对湖泊的影响也相对明显，青藏高原典型湖泊与气候的变化关系相对更为复杂，在降水增加、气温上升的情况下，由于升温引起的湖泊蒸发效应超过了降水对湖泊的补给影响，湖泊总体趋于萎缩（丁永建等，1996）。

1.2.2　人类活动对水资源承载风险的影响

从水循环系统角度来看，人类活动对水文水资源的影响路径主要分为两类（芮孝芳，2004；宋晓猛等，2013）：①引起水文水循环产汇流变化的下垫面因素，包括土地利用的变化及水利与水保工程等因素。下垫面是地形、土地利用、地质构造等多种因素的综合体，是影响流域水循环的重要因素。人类通过不断的开垦农田、城市化建设等改造自然的活动，改变天然状态下的水循环产流机制。②二元水循环中的人工侧支水循环。人工侧支水循环主要包括由经济社会发展带来的各项水资源需求，如生活用水、工农业取用水等。人类是自然界中从事生产生活的主体，人们通过对地表水地下水的开采，供给农业灌溉和工业生活用水，使得天然水资源时空上重新分配。

人类活动主要包括城市化、产业结构、技术政策等内容。从需水角度分析，有以下几个特点：①人口是核心，它具有自然和社会双重属性。区域人口的数量、质量、结构、迁移及分布等都会对区域的发展产生影响，也影响区域水资源的开发和利用。例如，城镇居民用水定额要比农村居民用水定额高。另外，即使是相同的总人口数，城镇化率不一样，居民生活用水的需求量也不相同。②产业用水有先后顺序、轻重缓急。比如三次产业之间，首先应保证区域粮食安全的农业用水，不同行业之间的用水也有先后之分，如在第二产业内部，应优先保证食品加工、电力工业的用水，其次才能考虑造纸业、采掘业、化工等行业的用水。③产业之间与产业内部的用水定额相差较大。如同属第三产业的交通邮电业和饮食业，用水定额相差很大。即使是同一行业，由于生产工艺、水平、节水意识和政策法规等存在差异，其用水定额也有较大差异。因此优化产业布局、提升管理效率、升级技术工艺等对提升水资源承载力和降低承载风险具有重要的作用。

人类活动对水资源承载风险的影响具有利与弊的双重属性（夏军等，2006），一方面不合理的水资源开发利用方式，导致地下水资源枯竭、水污染等问题，从而加剧了水资源紧缺，导致水资源承载力的风险增加；另一方面，经济社会的发展为人类防治水害创造了条件，水资源能够在技术进步、产业升级等条件下得到高效利用、使得水问题治理得以实现，使水资源能够满足用水单元的需求，降低了水资源超载的风险。本章将从利（优化）和弊（胁迫）角度分别阐述人类活动对水资源承载风险的影响机理。

1.2.2.1 不合理的利用方式导致水资源短缺

为满足日益增长的用水需求，过度开发水资源的现象频频发生，取水量超过可利用量，导致生态用水不足，并出现地下水位下降、水源枯竭、海水入侵等问题。城市化使城市人口和经济快速增加，直接导致城市的生活和工业用水大幅度增加，城市缺水的现象更为严重（鲍超等，2010；张建云等，2014）。此外，由于一些不合理的产业结构和低效的用水方式，更加剧了水资源的短缺程度。

农业用水的不合理之处主要体现在灌溉方式陈旧方面，如大水漫灌导致了灌溉效率低下，水资源浪费严重（王浩等，2013）；工业产业结构布局不合理、生产工艺落后等都影响用水水平及水循环利用率（贾绍凤等，2004）；而且生活用水水价低廉、节水器具普及率低、节水意识薄弱等都制约用水水平的提高。

1.2.2.2 污染物过量排放、土地利用/土地覆盖变化共同导致水环境恶化

人类活动，包括城市排污、工业废水和农业污水等造成的点源及非点源污染是导致水环境恶化的主要和直接因素。工业废水往往含有大量有害物质，不经处理直接排放或处理力度不够，极易造成水污染。在农业生产中大量使用化肥，使得排入河道的农业废水含有大量有机物，造成面源污染。此外在排水环节，污废水直接排放、偷排、乱排现象严重。这些不合理的水资源开发利用行为，恶化了水环境，影响了水生态系统的良性循环，进一步加剧了水资源短缺。

土地利用/土地覆盖变化（LUCC）也是影响水环境质量的一个重要因素（吕振豫等，2017）。不同土地利用类型之间，其土壤与岩石理化性质的不同，导致物质溶解、合成及沉降等物理化学及生物过程的差异，继而影响水环境质量的变化。尤其是城市化进程的加快，造成的直接后果是流域下垫面情况的转变，流域水循环特征发生变化，继而对水环境各方面产生影响。

1.2.2.3　过度挤占水域空间导致水生态恶化

由于人类经济社会发展导致了土地供给的紧张，人类对水的需求不仅限于生活的必需品，有时也上升到将水变成土地来满足人口增加、经济增长的需要。伴随城市化的推进，耕地资源十分紧缺，土地需求与供给的矛盾日益突出，因此，当遇到经济发展与土地资源供需矛盾时，决策者或投资者往往把目光投向水域，通过土地整理，把水域变成了土地，大量侵占水域空间面积，未考虑水资源的生态效应。因围湖造田、人为改变河道走向、天然径流情况等，引起部分地区水源枯竭，破坏了原有生态系统（马建威等，2017）。

城市化区域由于建筑密度大、道路硬化等原因，土壤渗透系数小，降水量往往不能有效补给地下水（于开宁，2001）。众多大型地下建筑的修建需要人工降低地下水位，导致地下水位进一步地降低。而且城市地下建筑密布，地下管线及地下交通系统等对地下潜水实际上起到了一种人为阻隔作用，限制了地下水的流动，使地下水位很难维持在一定的水平上。此外，随着工农业的发展，地下水开采量逐年增加，导致地下水位呈逐年下降的趋势，严重制约了水资源可利用量（夏军等，2004；刘佳骏等，2011；张光辉等，2013）。

1.2.2.4　水利工程建设改变了河流自然流态

河流生态系统同时受到自然因素与人类活动的影响，而人类活动对河流生态系统的影响程度正在逐渐增强（刘悦忆等，2016）。长期以来，大坝、水库等水利工程虽然可以对河流的自然变化进行有效调控，但此举会引起河道水文特性的重大改变。一方面，经济社会发展对水资源的需求正在逐步增加，作为淡水资源获取最为方便、有效载体的河流必然会被进一步开发利用，河流生态用水也不可避免地被占用，导致河流生态基流减小，甚至出现河流断流的现象。同时，河道内的非消耗性用水（如水力发电等）也改变了河流的流量模式和质量，引起河流生态状况的变化。另一方面，水利工程可能还会引起河流形态的不连续化和均一化。不连续化表现为：水利工程对河流的分割作用切断或者损伤了河流廊道本身的连续性，改变了河流生态系统正常的上下游物质能量传递，影响物种洄游繁衍。均一化表现为：河道的渠道化、裁弯取直等工程，改变了天然河道结构多样化的格局，降低了生境的异质性，进而导致河流生态系统的退化（董哲仁，2003）。

水电工程对水资源承载风险的影响见表1-2。

表1-2　　　　　　　　　　水电工程对水资源承载风险的影响

影响因素	影响因子	影　响　机　制
生境	水文情势	改变河流流量和水位的变化模式；厂坝间河段出现减脱水现象
	水环境	水温分层、低温水下泄；局地河段出现溶解气体过饱和、水体酸度增加、营养物积累、清水下泄等现象
	泥沙	库区内泥沙淤积，下游河道遭受冲刷

影响因素	影响因子	影 响 机 制
生物	鱼类	大坝阻隔洄游性鱼类通道,造成生境片段化;水文情势、水环境、泥沙及其他因子的变化影响鱼类的生长繁殖和新陈代谢及种群的结构、分布等
	浮游动物、底栖动物	河流生境变化影响浮游动物和底栖动物的组成、数量等
	高等水生植物、浮游植物	淹没等方式影响高等水生植物的生存和生长;适宜在静水、缓流环境中生存的浮游植物的群落结构发生变化

1.2.2.5 核电工程对水资源承载风险的不利影响

中国核电是从 1985 年真正起步的。截至 2017 年,我国已有秦山一期、二期和三期核电站的 5 台机组,田湾核电站的 2 台机组,大亚湾核电站的 2 台机组和岭澳核电站的 2 台机组共 11 台机组投入运行,总装机容量 910 万千瓦。这些核电基地集中分布在沿海的广东、江苏、浙江 3 省。

在《"十三五"核工业发展规划》中,除了广东、浙江、江苏、辽宁、福建、山东已经事实上成为核电基地外,将新增核电发展规划,海南、湖北、湖南、江西、安徽、广西、吉林、四川、重庆等地将成为第一批内陆核电站的所在地。与此同时,辽宁、吉林、安徽、河南、四川、重庆等地区也纷纷宣布本省核电规划。

核电站正常运行时,通过裂变和活化两个过程产生大量的放射性核素。低放射性废液与冷却水混合后将排入河流、湖泊、水库等水体中,放射性废气经烟囱排入大气环境,并通过干湿沉降直接或间接地进入周围水体。

因此,地表水体中的江河、湖泊、水库是内陆核电产生的放射性核素主要迁移扩散的途径。在放射性核素迁移扩散过程中,会发生一系列化学物理和生物变化过程,可能会造成水体不同程度的污染。

1.2.2.6 技术进步提高了水资源承载力

城市化促进城市规模效益提高后,一方面可以减少区域公共供用水设施建设的边际成本,即同样的公共投入的供水设施、节水设施、排水设施、污水处理设施等可以被更多的人和企业分享;另一方面可以提高工农业和第三产业的生产效率,这将在一定程度上减少各行各业的用水定额,有效地让有限的水资源服务于经济社会发展,降低水资源承载风险。城市化可以通过加快发展用水效率相对较高的第二产业和第三产业,实现在相同社会经济用水总量的情况下,通过降低农业用水比重来平衡社会经济用水分配。

随着社会的发展,为了接受良好的教育,更多的人口积聚到城市。城市的经济实力也逐渐增强,对乡村的辐射和渗透能力也逐渐加强,人们的综合素质、节水意识、环保意识、法律意识、节水技能、管理能力也逐渐提高,大大加快了节水防污型社会建设的进程,从而在一定程度上减少了社会经济发展对水资源的需求,促进了生产-生活-生态用水的优化和协调,水资源的承载力得到提升,水资源承载风险得到降低。

1.3 水资源承载风险因子识别

水资源承载风险因子识别首先对其风险影响因子分析,然后构建其因子识别体系,在此基础上进行因子初级的识别。

1.3.1 水资源承载风险因子分析

1.3.1.1 水资源承载风险因子整理

基于水资源承载风险的内涵与机理研究,通过文献分析、概括和总结,从水循环、生态-环境、经济-社会等3方面整理归纳影响水资源承载风险指标,评估各指标对区域水资源承载风险的影响,为遴选水资源承载风险因子等后续研究奠定基础(见图1-11)。

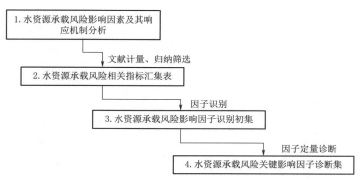

图1-11 水资源承载风险因子识别与诊断流程

然后按照指标的代表性、数据的可获得性,进一步筛选评价指标,将相关文献中水资源承载风险指标汇集于表1-3。

表1-3 水资源承载风险指标汇集表

系 统	子系统	指 标 层
水循环系统	气候状况	降水量、气温、湿润度、蒸发量、干旱指数、蒸发指数等
	水文水资源状况	水资源总量、地表水资源量、地下水资源量、人均水资源量、产水模数、产水系数、径流系数、水动力条件、水域面积统计、水流条件等
生态-环境系统	污染物排放状况	COD排放量、氨氮排放量、废水排放总量、农业化肥施用量等
	生态状况	水土流失率、森林覆盖率、景观指数、地下水沉降面积、物种丰富度、水功能区水质达标率河流流量状况等
	环境状况	径污比、河流断面水质、污染物入河系数、畜禽养殖污染状况
经济-社会系统	人口状况	人口总数、人口自然增长率、人口迁移流动情况、人口密度、城镇化率等
	经济发展水平	GDP、人均GDP、GDP增长率、三次产业结构、有效灌溉面积、城市建成区面积比重等
	产业结构	GDP中三产所占比例、灌溉面积中水田与旱田的比例、农林牧渔产值比例、二三产从业人数占总从业人数比重、化肥施用强度等
	水资源利用水平	三生(生产、生态、生活)用水量、万元工业增加值用水量、万元农业增加值用水量、万元GDP用水量、工业废水处理率、水资源利用率、灌溉用水有效利用系数、水资源开发利用率、工业用水重复利用率、再生水供水占比、水资源供需平衡指数、径流调蓄能力、人均供水量、地下水超采量等
	政策管理情况	环保和水利投资占GDP比例、水价设置、水利从业人员比重、政策实施完成达标率、城市污水处理率等

1.3.1.2　因子频度筛选

基于水资源承载风险内涵与机理研究，采用文献计量分析等方法，初步识别水资源承载风险因子。文献计量法是以文献信息为研究对象、以文献计量学为理论基础的一种研究方法，对文献内容进行客观、系统和定量化描述与分析，是科学研究中普遍使用的一种方法。

通过搜索 CNKI、SCI 等数据库，对国内外 1985—2018 年相关主题文献进行检索筛选，得到相关论文 98 篇（其中 CNKI 文献 80 篇，SCI 文献 18 篇）。基于频率统计法对所得文献中的评价指标进行初步筛选，得到频度较高的评价指标因子（见表 1-4 和图 1-12）。

表 1-4　　　　　　　水资源承载风险评价指标频度筛选结果表

序号	指标	频度/%	序号	指标	频度/%
1	人均 GDP	76	15	城市化率	68
2	人口密度	76	16	径污比	22
3	人均水资源量	45	17	农用化肥施用量（折纯量）	16
4	人口自然增长率	35	18	COD 排放量	25
5	农业用水量	60	19	有效灌溉面积	56
6	生态用水量	61	20	省控监测断面劣 V 类水比率	5
7	工业用水总量	58	21	环保、水利投入占 GDP 比重	45
8	生活用水量	30	22	污水处理厂集中处理率	28
9	第三产业比重	25	23	城市建设用地比重	30
10	水域面积比重	16	24	省控监测断面优于 Ⅲ 类水比率	1
11	水功能区水质达标率	11	25	城市污水年治理率	24
12	产水模数	35	26	年降水量	80
13	水资源开发利用率	33	27	水资源年利用率	21
14	单位面积废水排放量	54	28	万元工业增加值用水量	33

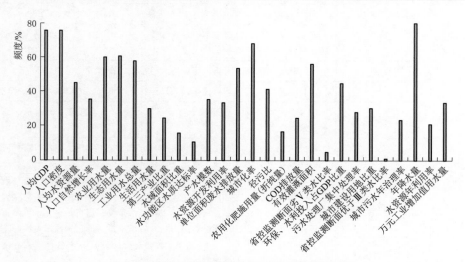

图 1-12　水资源承载风险评价指标频度筛选图

1.3.2 水资源承载风险因子识别体系构建

在指标因子频度统计分析的基础上,紧紧围绕水资源承载风险的内涵与机理,按照指标的代表性、数据的可获得性,进一步补充、筛选评价指标,形成水资源承载风险评价指标体系。因子识别体系框架的构建将采用层次分析法,具体技术路线见图 1-13。

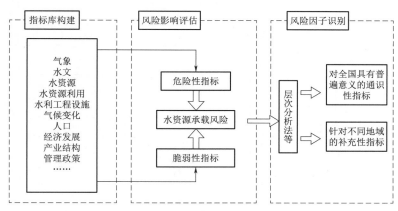

图 1-13　水资源承载风险因子识别技术路线

（1）目标层。水资源承载风险是研究在气候变化和经济社会发展等不确定情景下,未来发生水资源过度开发利用、水环境污染及水生态恶化等水资源超载事件的概率。这里以水资源承载风险作为总目标层,识别的目标是辨析影响水资源承载风险的主要因素,识别造成水资源承载力高低的主要驱动因子,以此作为规避或降低水资源承载风险的调控因子,从而为促进水资源承载水平提出对策和建议。

（2）要素层。要素层主要为两个方面,即脆弱性要素和危险性要素。脆弱性要素是指水资源承载系统的脆弱程度,危险性要素指水资源承载系统发生变化的概率及其严重程度。

（3）特性层。水资源承载系统由承载体、承载对象和利用方式构成,其脆弱性也体现在 3 个方面,即承载对象脆弱性、承载体脆弱性与利用方式的脆弱性;同理,危险性也体现在 3 个方面,即承载对象危险性、承载体危险性与利用方式危险性。

（4）指标层。指标层是反映水资源承载风险因子的具体指标,指标层中各指标所代表的含义清晰、数据来源可靠,可通过直接计算或从统计资料中获得。指标层是构成水资源承载风险体系的最基本的元素。对于具体指标的选取,要根据识别目的和识别区域的具体特征,按照理论与实际相结合进行分析。

构建的水资源承载风险因子识别体系框架,见图 1-14。

1.3.3 水资源承载风险因子识别初集

1.3.3.1 脆弱性因子

水资源承载风险脆弱性体现在水文系统脆弱性、社会系统脆弱性和利用水平脆弱性 3

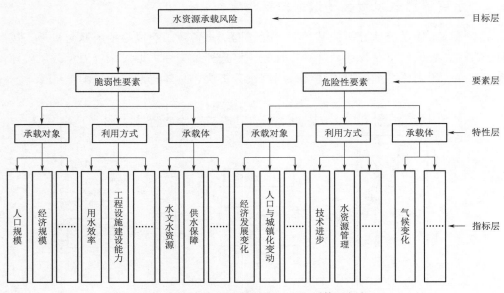

图 1-14　水资源承载风险因子识别体系框架

方面。水资源承载风险脆弱性因子初集见表 1-5，指标选取的原则如下。

表 1-5　　　　　　　　水资源承载风险脆弱性因子初集

一级指标	二级指标
水文系统脆弱性	降水量、蒸发量、径流系数、产水系数、产水模数、干旱指数、河流水质类别、水域功能达标率、水域空间面积比重、河流断流天数、水体更新周期、年径流量变化率、地表水资源量、地下水资源量、水资源总量、人均水资源量、污染物（COD、氨氮）排放量、城市污水处理率、废水排放量、水域面积缩减比例、河流流速等
社会系统脆弱性	人口增长率、人口密度、城镇化率、灌溉面积比重、建成区面积比重、畜禽养殖污染状况、化肥施用强度、一产比重、二产比重、三产比重、水利与环保投资比例
利用水平脆弱性	人均 GDP、万元工业增加值用水量、万元农业增加值用水量、万元 GDP 用水量、工业废水处理率、水资源开发利用率、灌溉用水有效利用系数、工业用水重复利用率、再生水供水占比、用水总量、人均用水量、水资源开发利用率、地表水开发利用率、地下水开发利用率、水利工程调蓄能力等

（1）水文系统脆弱性：是指自然水循环系统的脆弱程度，与水资源、水环境、水生态本底条件有关，具体选择水循环要素作为脆弱性因子。

（2）社会系统脆弱性：是指社会经济系统的脆弱程度，与人口和产业格局有关，具体选择人口、城镇化和产业发展指标作为脆弱性因子。

（3）利用水平脆弱性：是指开发技术水平的脆弱程度，与水资源利用能力有关，具体选择工程设施建设能力、用水效率作为脆弱性因子。

1.3.3.2　危险性因子

水资源承载风险危险性体现在气候变化、人口增长与城镇化、经济发展与产业结构变化及技术进步与水资源管理造成对水资源承载系统的危险性 4 个方面。水资源承载风险因子初集见表 1-6，指标选取原则如下。

表 1-6　　　　　　　　　　　　水资源承载风险因子识别初集

一级指标	二级指标	一级指标	二级指标
气候变化危险性	降水变化（大小、幅度）	经济发展与产业结构变化危险性	人均 GDP 增长率
	蒸发变化（大小、幅度）		耕地面积增长率
	径流变化（大小、幅度）		工业增长速率
	温度变化（大小、幅度）		服务业增长速率
人口增长与城镇化危险性	人口增长速率	技术进步与水资源管理危险性	水利资金投入水平
	城镇化率变化		水资源利用效率变化
	建设用地变化		用水总量控制
	水生态空间占用		污染物排放与水环境质量管理

（1）气候变化危险性：是指气候变化的可能性及其强度，具体选择气候指标增减的大小与幅度作为危险性因子。

（2）人口增长与城镇化危险性：是指人口集聚、城镇进一步发展的可能性及其强度，具体选择人口和城镇化发展指标作为危险性因子。

（3）经济发展与产业结构变化危险性：是指经济进一步增长、产业结构发生变化的可能性及其强度，具体选择经济和产业结构变化指标作为危险性因子。

（4）技术进步与水资源管理危险性：是指用水技术水平和水资源管理方式发生变化的可能性及其强度，具体选择资金投入水平和水资源管理"三条红线"指标作为危险性因子。

1.4　水资源承载风险关键影响因子诊断

在风险因子识别的基础上，这里进一步对其影响因子诊断，并给出关键的诊断因子。

1.4.1　诊断流程

通过以上研究分析，已筛选出水资源承载风险影响因子初集。与危险性因子相比较，脆弱性指标较多，且指标间可能存在有重复包含、相关性等问题，因此有必要重点针对脆弱性因子进行关键诊断识别，从中找到关键影响因子。

脆弱性因子的诊断识别主要根据已经建立的影响因子初集，分别采用 DEMATEL 法、主成分分析法、熵权法等，对影响因素进行有效定量识别，从而构建一种水资源承载风险关键影响因素的诊断框架，最终实现关键驱动因素的识别。

1.4.2 诊断方法

1.4.2.1　DEMATEL 法

DEMATEL（Decision Making Trial and Evaluation Laboratory，决策实验室分析）法可以衡量因素之间的影响及被影响程度，并甄别出重要的影响因素，从而有助于提出实际的可操作性建议。DEMATEL 法主要基于图论，根据系统中各因素间的逻辑关系，测算出直接影响矩阵，再计算出各因素的中心度和原因度，DEMATEL 将复杂的现实问题简化成数学语言，能有效地分析、识别出复杂系统中的要素关系，已经在很多领域得到广泛应用，如城市可持续发展、石墨产业、生态功能区、农产品质量安全、废弃食用油生物燃料化、低碳生产意愿等产业影响因素的定量化分析，而在水资源领域应用较少。

利用 DEMATEL 法建模过程如下：

（1）辨别影响研究对象的因素或指标，分别记为：F_1，F_2，$\cdots$，F_n。

（2）研究各影响因素之间的关系，根据德尔菲法分析各因素之间的相互影响制约关系，并根据统计结果构建直接影响矩阵记为 $\boldsymbol{X} = \left[X_{ij} \right]_{n \times n}$，见式（1−1）。该矩阵用"0/1标度法"对各因素间的直接影响度进行标记。

$$\boldsymbol{X} = \begin{bmatrix} 0 & \cdots & x_{1n} \\ \vdots & \ddots & \vdots \\ x_{n1} & \cdots & 0 \end{bmatrix} \tag{1-1}$$

（3）为分析因素之间的间接影响关系，将直接影响矩阵标准化，即可得标准化影响矩阵 $\boldsymbol{Y}$。标准化的方法为：取矩阵 $\boldsymbol{X}$ 的各行因素之和的最大值。即

$$\boldsymbol{Y} = \frac{1}{\max_{0 \leqslant i \leqslant 1} \sum_{j=1}^{n} x_{ij}} \tag{1-2}$$

式中：影响因素 x_{ij} $(i, j = 1, 2, \cdots, n, i \neq j)$ 表示因素的直接影响程度，若有直接影响，则 $x_{ij} = 1$，若无直接影响，则 $x_{ij} = 0$；当 $i = j$ 时，则 $x_{ij} = 0$。

（4）建立综合影响矩阵 $\boldsymbol{T}$，可由公式 $\boldsymbol{T} = Y_1 + Y_2 + Y_3 + \cdots + Y_n = Y(1-Y)^{-1} = \left[T_{ij} \right]_{n \times n}$。式中，综合影响矩阵 $\boldsymbol{T}$ 中的元素 T_{ij}，即表示因素 i 对 j 的综合影响程度（含直接和间接两种影响），或因素 j 受到因素 i 综合影响的程度。

（5）分别算出各指标的影响度 a_i、被影响度 b_i 及中心度 m_i 和原因度 r_i。其中，矩阵 $\boldsymbol{T}$ 中各行元素之和为该行对应元素对所有其他元素的综合影响值，称为影响度 a_i；矩阵 $\boldsymbol{T}$ 中各列元素之和为该列对应元素受所有其他元素的综合影响值，称为被影响度 b_i；每个元素的影响度和被影响度之和称为中心度 m_i，表示该影响因素在评价指标体系中的位置及其所起作用大小；每个元素的影响度和被影响度之差为原因度 r_i，表示该因素是对其他影响因素更多还是受到其他因素影响更多。当 $r_i \geqslant 0$ 时，该因素为原因因素；当 $r_i < 0$ 时，该因素为结果因素。中心度表示该项因素在所有因素中所处的位置，中心度越大，该项因素对其他因素的驱动作用越明显，即该因素越处于核心位置；反之，中心度越小，该因素对其他因素的影响越弱。

$$a_i = \sum_{j=1}^{n} t_{ij} \qquad (i = 1, 2, \cdots, n) \tag{1-3}$$

$$b_i = \sum_{j=1}^{n} t_{ij} \qquad (i = 1, 2, \cdots, n) \tag{1-4}$$

$$m_i = a_i + b_i \qquad (i = 1, 2, \cdots, n) \tag{1-5}$$

$$r_i = a_i - b_i \qquad (i = 1, 2, \cdots, n) \tag{1-6}$$

1.4.2.2 主成分分析法

主成分分析的基本思想是通过线性运算，将一组多变量的数据，分解为少数几个综合变量的统计方法。它本质上是一种降维思想的数学应用。

（1）原始数据标准化：

$$Y_{ij} = \frac{X_{ij} - \overline{X}_j}{S_j} \qquad (i = 1, 2, 3, \cdots, m; \ j = 1, 2, 3, \cdots, n) \qquad (1-7)$$

式中：Y_{ij} 为标准化后数据；X_{ij} 为原始数据中第 i 个样本的第 j 项指标；$\overline{X}_j$ 为第 j 项指标的平均值；S_j 为第 j 项指标的样本标准差。

（2）计算 Y_{ij} 的相关系数矩阵 $\boldsymbol{R}$。

（3）计算矩阵 $\boldsymbol{R}$ 的特征值与特征向量 $\boldsymbol{e}_i$。

（4）计算主成分累计贡献率。主成分累计贡献率 G：

$$G = \frac{\sum\limits_{k=1}^{i} \lambda_k}{\sum\limits_{k=1}^{p} \lambda_k} \qquad (1-8)$$

选择累计贡献率达 85% 以上，且特征值 $\lambda_1, \lambda_2, \cdots, \lambda_m$ 大于 1，所对应的前 m（$m \leqslant p$）个主成分。

（5）计算主成分载荷。其计算公式为

$$l_{ij} = \sqrt{\lambda_j e_{ij}} \qquad (i, j = 1, 2, 3, \cdots, p) \qquad (1-9)$$

式中：l_{ij} 为主成分载荷。

（6）计算主成分单因子得分：

$$\left. \begin{aligned} F_1 &= l_{11}X_1 + l_{12}X_2 + \cdots + l_{1p}X_p \\ F_2 &= l_{21}X_1 + l_{22}X_2 + \cdots + l_{2p}X_p \\ &\vdots \\ F_m &= l_{m1}X_1 + l_{m2}X_2 + \cdots + l_{mp}X_p \end{aligned} \right\} \qquad (1-10)$$

式中：F_m 为主成分因子得分。

1.4.2.3 熵权法

利用熵权法来确定权系数，不会受指标的正负性的干扰，是一种客观的赋权方法。计算步骤如下：

（1）构建数据矩阵。

（2）数据非负化处理：

$$z_{ij} = \frac{r_{ij} - \min(r_{ij})}{\max(r_{ij}) - \min(r_{ij})} + 1 \qquad (1-11)$$

式中：z_{ij} 为非负化后数据。

（3）计算第 i 年第 j 项因子占所有年份该因子和的比重：

$$p_{ij} = \frac{z_{ij}}{\sum\limits_{i=1}^{n} z_{ij}} \qquad (1-12)$$

式中：p_{ij} 为第 z_{ij} 项因子的权重。

（4）计算第 j 项因子的熵值：

$$e_j = -\frac{1}{\ln n} \sum_{i=1}^{n} p_{ij} \ln p_{ij} \qquad (1-13)$$

式中：e_j 为第 j 项因子的熵值。

（5）计算第 j 项因子熵权：

$$W_j = \frac{1-e_j}{m - \sum_{j=1}^{m} e_j} \qquad (1-14)$$

式中：W_j 为第 j 项因子的熵权。

1.4.3 关键因子诊断识别

1.4.3.1 水文系统脆弱性关键因子诊断识别

首先，整理收集全国 2000—2016 年的水文系统脆弱性相关指标数据，统计数据来源于中国统计年鉴、水资源公报、环境状况质量公报等。

水文系统脆弱性因子类共计 14 个指标：降水量、蒸发量、径流系数、径流量、产水模数、人均水资源量、跨流域调水量、干旱指数、河流水质类别、水域功能达标率、水域空间面积比重、河流断流天数、水体更新周期、年径流量变化率。运用 SPSS 等软件对各指标进行计算，通过 DEMATEL 法、主成分分析法和熵权法分别对指标进行了相关性分析，进行指标简约。其水文系统脆弱性因子诊断识别过程见表 1-7。

表 1-7　　　　　　　　　　水文系统脆弱性因子诊断识别过程

指标分类	DEMATEL 法	主成分分析法	熵权法
水文系统脆弱性	产水模数	产水模数	产水模数
	人均水资源量	人均水资源量	河流水质类别
	河流水质类别	河流水质类别	水域空间面积比重
	降水量	水域空间面积比重	产水系数
	蒸发量		降水量

从表 1-7 可以看出，3 种诊断方法提出的共同的关键诊断因子包括产水模数、河流水质类别，两种方法均涉及了人均水资源量、水域空间面积比重、降水量，因此最终确定的关键诊断因子见表 1-8。

表 1-8　　　　　　　　水文系统脆弱性因子关键诊断因子识别结果

指标分类	关键诊断因子	指标分类	关键诊断因子
水文系统脆弱性	产水模数	水文系统脆弱性	水域空间面积比重
	河流水质类别		降水量
	人均水资源量		

1.4.3.2 社会系统脆弱性关键因子诊断识别

同理，整理收集全国 2000—2016 年的社会系统脆弱性相关指标数据，统计数据来源于中国统计年鉴、水资源公报、环境状况质量公报等。

社会系统脆弱性因子类共计 12 个指标：人口增长率、人口密度、城镇化率、灌溉面积比重、建成区面积比重、畜禽养殖污染状况、化肥施用强度、第一产业比重、第二产业比重、第三产业比重、水利、环保投资比例等。运用 SPSS 等软件对各指标进行计算，通过 DEMATEL 法、主成分分析法和熵权法分别对指标进行了相关性分析，进行指标简约。其社会系统脆弱性因子诊断识别过程见表 1-9。

表 1-9　　　　　　　　社会系统脆弱性因子诊断识别过程

指标分类	DEMATEL 法	主成分分析法	熵权法
社会系统脆弱性	城镇化率	城镇化率	城镇化率
	人口密度	灌溉面积比重	人口密度
	灌溉面积比重	化肥施用强度	建成区面积比重
	建成区面积比重	第三产业比重	第三产业比重

从表 1-9 可以看出，3 种诊断方法提出的共同的关键诊断因子都包括城镇化率，两种方法涉及的指标为人口密度、灌溉面积比重、建成区面积比重、第三产业比重。因此最终确定关键诊断因子见表 1-10。

表 1-10　　　　　　　社会系统脆弱性因子关键诊断因子识别结果

指标分类	关键诊断因子	指标分类	关键诊断因子
社会系统脆弱性	城镇化率	社会系统脆弱性	建成区面积比重
	人口密度		第三产业比重
	灌溉面积比重		

1.4.3.3　利用水平脆弱性关键因子诊断识别

同理，整理收集全国 2000—2016 年的利用水平脆弱性相关指标数据，统计数据来源于中国统计年鉴、水资源公报、环境状况质量公报等。

利用水平脆弱性因子类共计 12 个指标：人均 GDP、GDP 增长率、水利工程调节能力、供水保障能力、万元工业增加值用水量、万元农业增加值用水量、万元 GDP 用水量、工业废水处理率、水资源利用率、灌溉用水有效利用系数、工业用水重复利用率、再生水供水占比。运用 SPSS 等软件对各指标进行计算，通过 DEMATEL 法、主成分分析法和熵权法分别对指标进行了相关性分析，进行指标简约。其利用水平脆弱性因子诊断识别过程见表 1-11。

表 1-11　　　　　　　　利用水平脆弱性因子诊断识别过程

指标分类	DEMATEL 法	主成分分析法	熵权法
利用水平脆弱性	人均 GDP	人均 GDP	人均 GDP
	万元农业增加值用水量	GDP 增长率	万元农业增加值用水量
	万元 GDP 用水量	万元 GDP 用水量	水资源开发利用率
	水资源开发利用率	万元工业增加值用水量	万元工业增加值用水量

从表 1-11 可以看出，3 种诊断方法提出的共同的关键诊断因子都包括了人均 GDP，两种方法都涉及的指标为万元农业增加值用水量、万元工业增加值用水量、万元 GDP 用水量、水资源开发利用率。因此最终确定关键诊断因子见表 1-12。

表 1-12　　　　　　　　　利用水平脆弱性因子关键诊断因子识别结果

指标分类	关键诊断因子	指标分类	关键诊断因子
利用水平脆弱性	人均 GDP	利用水平脆弱性	万元 GDP 用水量
	万元农业增加值用水量		水资源开发利用率
	万元工业增加值用水量		

第2章
水资源承载风险评估方法研究

在水资源承载风险概念解析与风险因子识别的基础上，本章对水资源承载系统风险体系进行进一步分析，以灾害风险理论和水资源承载力理论为基础，从致险因子和承载体两方面解析水资源承载风险的要素组成，进而研究水资源承载风险评估方法。

2.1 水资源承载系统风险体系研究

从灾害风险评估角度而言，灾害风险构成要素主要有致灾体（或源）和承灾体两方面。致险因子的危险性和承灾体的脆弱性（其中将承灾体的暴露度和应对能力归为脆弱性）共同影响区域灾害风险水平。水资源承载系统是由水资源与经济社会系统共同组成，既有水资源对经济社会的支撑作用，也有经济社会发展对水资源造成的压力。因此，水资源承载风险可从支撑-压力-状态-响应的水资源复合系统出发，同时结合水资源系统的水量、水质、水域面积、水流4个方面（简称量、质、域、流），综合考虑气候变化、城市化、产业布局的影响，分析因人类经济社会活动而使水资源系统发生超载的风险。水资源超载风险的评估可从致险因子和承灾对象两方面来分析，即导致水资源超载致险因子的危险性和水资源系统承受超载承灾体的脆弱性。

2.1.1 致险因子的危险性

致险因子的危险性取决于致险因子的环境变异程度，即由灾变活动规模（强度）和活动频次（概率）决定的。一般灾变强度越大，频次越高，灾害所造成的破坏损失就越严重，灾害的风险也越大。由于气候变化、城镇化、产业结构及政策的不确定性，水资源承载系统具有发生超载的可能性。气温、降水的随机变化，使区域水资源最大可利用量、农业需水量具有了随机性、不确定性。城镇化进程的速度、产业结构与就业人数及政策的不确定性等，直接影响了区域经济社会发展对水资源的需求变化，给水资源承载系统带来了超载的威胁。

2.1.1.1 气候变化

气候变化主要通过温度和降水变化对区域水文系统的各主要水文要素直接或间接产生影响。降水是一切水资源的最根本来源，气温升高将使水文循环更加激烈，导致极端降水、蒸发事件发生频率的改变，进而引起地区旱涝灾害的发生，使经济社会遭受损失。1990 年 IPCC 研究报告表明在 2 倍 CO_2 排放情景下，2050 年全球平均蒸发量将增加 3%～5%。水利部信息中心根据通用大气循环模型情景对中国典型流域进行了研究，认为在未来气候变化情景下，松花江流域径流增加的可能性大；辽河流域径流既可能增加，也可能减少。气候变化对水资源的影响还表现在水文变化率的增大，即洪水和干旱的频率增加。同时，蒸发是气候变化过程中最为显著的因子，因此，可用降水、蒸发等因子来反映水资源承载系统的危险性。

2.1.1.2 城市化

城市化是指一个国家或地区随着社会生产力发展、科学技术进步及产业结构调整，其社会由以农业为主的传统乡村型社会向以工业（第二产业）和服务业（第三产业）等非农产业为主的现代城市型社会逐渐转变的过程。随着城市化水平的不断提高，城市化进程对人类生存与发展必不可少的水资源与城市水环境产生了越来越显著的影响。城市化导致了地区人口向城市聚集、建筑物增加，此外道路及排水管网的建设使城市区域不透水面积增大，直接改变了形成雨洪径流的下垫面条件，使得发生暴雨时洪峰流量增大、峰现时间提前。城市社会经济发展、人口增多，对水资源的需求量增大，排放的废污水量也相应增多，从而对水的时空分布、水文循环及水的理化性质、水环境等产生了各种各样的影响，引起了一系列的水文效应，使城市出现明显的温室效应、热岛效应，对水资源承载系统构成了危险。而影响城市化水平的因素非常复杂，涉及自然资源、环境、经济发展水平、国家区域发展政策，以及城市化的现状水平等。

2.1.1.3 产业结构

产业结构是指农业、工业和服务业在区域经济结构中所占的比重。产业结构的变化一方面为某些行业带来良好的市场机会；另一方面也会给水资源与生态系统带来威胁。水资源在不同产业之间的分配也会影响经济的协调发展。产业结构与水资源消耗结构密切相关，在水资源消耗强度不变的情况下，产业结构的变动会影响水资源消耗结构的变化，如产业结构的调整使水资源的消耗向边际效益高的产业倾斜，实现在经济规模不变的情况下水资源消耗总量减少。影响产业结构变化的因素比较复杂，主要有资源禀赋情况、消费需求、技术进步、经济全球化及外资等方面的因素。我国是一个严重缺水的国家，面临非常复杂的水资源问题，在经济增长过程中，水资源匮乏带来的制约作用越来越显著，通过调整产业结构和提高水资源的使用效率来改善水资源消耗结构，则是更为现实而有效的办法。

2.1.1.4 政策不确定性

水资源管理政策一直是我国水资源管理研究的重要内容。针对水资源与经济社会发展匹配不均匀状况，我国政府出台了一系列有关水资源的政策，包括水量配置政策、水价政策、水权转让政策、水工程投资政策、水污染物减排政策与虚拟水贸易政策等。由于水资源既是一个包括地表水、土壤水和地下水的有机系统，又是一个自然-社会-经济大系统中的子系统，人类对水资源的开发利用不仅影响水资源系统本身的变化，同时也影响自然-社会-经济系统各自的状态及其互动关系。水资源政策必须兼顾水资源系统、社会经济系统、技术条件、政治环境等因素，而这些因素具有复杂性、不确定性、动态开放性的特点。受政策不确定性的影响，水资源承载系统具有了发生超载的可能性。

2.1.2　承灾体的脆弱性

脆弱性主要用来描述相关系统及其组成要素易于受到影响和破坏，并缺乏抗干扰、恢复的能力。脆弱性是指在某一强度的致险因子危险性条件下，承灾体可能遭受的伤害或损失程度，是衡量承灾体遭受损害的程度，也是灾损估算和风险评价的重要环节。脆弱性与损失的可能性相关，表现为系统的暴露性，以及所具有的反应能力和恢复能力，它是暴露、预见能力、应对能力、抵抗力、恢复力及致灾力的综合表征。

水资源对经济社会的支撑作用，主要体现在水资源为经济社会发展所提供的水量、水质、水域、水流等属性功能方面。由于受气候变化（如气温、降水）的影响，水文与径流具有不确定性与波动性，从而使得河道流量、水资源可利用量、河湖水域面积等具有不确定性，不能为经济社会系统提供稳定的水量、可靠的水质、广阔的水域空间和健康的河道流速，使水资源系统不能持续稳定地支撑经济社会用水需求，进而会导致水资源承载系统具有了失稳与超载的风险。此外，现状水资源承载状态也是水资源承载系统脆弱性的重要影响因素，即现状水资源承载状态越差，未来发生超载的风险也越大。

从支撑、压力、状态、响应水资源复合系统角度分析，水资源作为系统承载的主体，易于受到经济与社会系统的影响和破坏，并缺乏抗拒干扰、恢复自身结构和功能的能力。水资源系统的脆弱性表现为水资源短缺、水质恶化、水域空间缩小、生态基流破坏等，造成这一现象的因子主要包括气象、水文、环境状况等方面，使得水资源承载系统具有脆弱性。作为承载对象的社会、人口与城市化发展暴露于水资源承载系统的环境中，容易受到超载风险的影响。同时经济发展又具有双面性，经济用水需求增长导致水资源承载压力增加，而经济增长带动水利工程与科技投入的增加，使得水资源系统的适应性与自我调节能力增强，降低了水资源超载的风险性。综合危险性与脆弱性的分析，水资源承载风险可概括为如下结构框架，见图2-1。

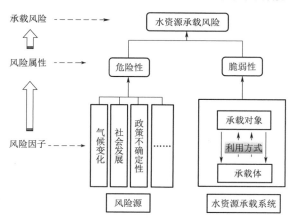

图2-1　水资源承载风险结构框架

2.1.3　水资源承载系统风险指数

在风险研究中，通常认为风险是由致险因子的危险性、承灾体的暴露性和脆弱性3个要素及由此导致的灾情共同组成的宏观结构。作为经济社会子系统与水资源子系统共同作用形成的一种系统性风险，水资源承载风险是致险因子的危险性与承灾体的脆弱性共同作用的结果，这里的致险因子指的是气候变化、城镇化、产业结构等触发水资源超载的驱动性因素。承载体为水资源与经济社会组成的复合系统。因此，水资源承载风险应该包括有承载风险的危险性和脆弱性两方面。基于此，构建水资源承载风险评价概念模型如下：

$$R = G(f(h)，f(v)) \tag{2-1}$$

式中：R 为水资源承载风险；$f(h)$ 为水资源承载系统的危险性函数；$f(v)$ 为水资源承载系统脆弱性函数。

2.2 水资源承载风险评估方法体系

目前关于灾害风险评估的方法主要有：①定性评价法，主要包括头脑风暴法（李海涛，2020）、德尔菲法（赵娟，2015）；②定量评价法，主要包括蒙特卡洛法（建剑波，2020）、信息熵法、神经网络法、支撑向量机（Liu，2019）、信息扩散（王加义，2012）；③综合评价法，主要包括层次分析法、模糊数学法（王红瑞，2009）、灰色系统法。定性评价由于是采取经验判断和观察为主，使其评估具有一定的主观性。定量评价采用了量化方法，其结果易受到样本数据的影响。考虑到资料获取与可操作性，综合比较选取了定性评价法与定量评价法相结合，简单且易操作的综合评价法中的模糊数学法与层次分析法相结合的方法来评估水资源承载系统风险。

2.2.1 脆弱性指标

指标体系的建立是研究水资源承载系统风险的一个关键问题，指标的选取不宜过多，但要具有代表性，能够反映一定开发利用方式下（工程、技术、管理），承载体（水资源子系统）与承载对象（经济社会子系统）之间支撑与压力的相互关系，体现水资源承载系统所具有的暴露性、易损性和适应能力。在第 1 章中水资源承载风险关键影响因子分析与诊断基础上，从水资源、经济、社会 3 个方面选取了 11 个主要影响水资源承载系统脆弱性的因子作为评价指标，以水资源承载风险的脆弱性作为目标层，包含有承载体、利用方式、承载对象 3 个子系统，其中承载体子系统包含了水资源的水量、水质、水域、水流 4 个方面，利用方式子系统包含人均 GDP 和第三产业所占比重，承载对象子系统包括人口密度、城市化率及建成区面积比重，见图 2-2。

基于水量、水质、水域、水流的水资源承载系统脆弱性因子含义如下：

（1）人均水资源量：是水资源量与人口数之比，这里的水资源是广义水资源量，不仅是当地水资源量，还包括区域入境水资源与调入的水资源量，属承载体系统指标，反映了水资源的最大利用潜力，是最重要的承载体参数，人均水资源量越大，区域水承载系统的脆弱性越小，属于正向指标。

（2）产水模数：地区水资源总量除以区域土地面积，反映区域水量特征。产水模数越大，反映了单位面积水资源量越多，区域水资源所承载的脆弱性越小，属于正向指标。

（3）水资源开发利用率：水资源利用总量比水资源总量之比，其中用水量包括本地用水量和调出水资源量，水资源量包括入境的和调入的水资源量，反映水资源供需特征，水资源开发利用率越大，水资源开发程度越高，区域水承载系统的脆弱性越大，属于逆向指标。

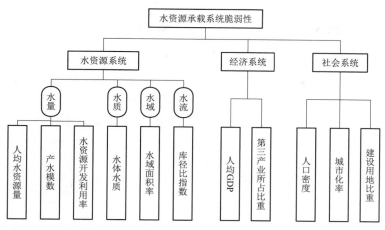

图 2-2 水资源承载系统脆弱性指标体系

（4）水体水质：承载体系统指标，反映区域的水质与水生态环境特征，通过统计河流的水质类别决定，直接给出隶属度。其中Ⅰ、Ⅱ类水质为优，Ⅲ、Ⅳ类水质为临界超载，Ⅴ类水质为超载，劣Ⅴ类为严重超载，水质越差，水承载系统的脆弱性越大。

（5）水域面积率：区域内河流湖泊等水域面积与区域总面积的比值，可通过全国土地利用影像解译获得，反映了水域的特征，水域面积率越大，水量越丰富，水生态环境越好，区域水承载系统的脆弱性越小，属于正向指标。

（6）库径比指数：指区域内已建水库的总库容量与地表径流量之比，表示水利工程对河流径流的调控能力，库径比指数越大，对河流自然径流的阻扰性越强，河流的水流流速越小，造成水生生物的生存环境越差，区域水资源承载力越低。

（7）人均GDP：区域国内生产总值除以总人口数，反映经济水平，人均GDP值越高，反映经济发展水平越高，通过提高技术与管理水平、增加水利投资来应对水资源短缺的能力越强，水资源承载脆弱性越小，属于正向指标。

（8）第三产业所占比重：第三产业增加值占国内生产总值的比重，反映区域产业的经济结构，第三产业所占的比重大，经济社会发展对水资源的自身调节与适应能力越强，水资源的承载压力越小，属于正向指标。

（9）人口密度：承载对象系统最重要的指标，人口密度越大，往往造成人口经济社会与水资源的空间匹配程度越低，承载体所承载的压力也越大，脆弱性越大，属于逆向指标。

（10）城市化率：城镇人口除以总人口数，承载对象系统指标，反映城市化的综合特性，城市化率越大，城镇人口所占的比重越大，承载体受到的压力也越大，增大了水资源承载系统的脆弱性，属于逆向指标。

（11）建设用地比重：建设用地面积与区域总面积的比值，属于承载对象系统指标，反映城市化发展的特征，建设用地比重越大，对水资源与生态环境的压力越大，水承载系统的脆弱性越大，属于逆向指标。

2.2.2 危险性指标

2.2.2.1 气候变化

气候变化造成水资源承载风险主要表现为因极端降水、蒸发变化而造成水分亏缺事件的发生。因此，这里以降水与蒸发的综合性指数（标准化降雨蒸散发指数，SPEI）反映气候变化对水资源承载系统的危险性，具体以月降水和蒸散发作为输入资料，通过降水和潜在蒸散发的差值进行正态标准化处理得到。不同尺度下的降水和蒸散量的差值 D_i 的计算公式为

$$D_i = P_i - PET_i \tag{2-2}$$

式中：P_i 为 i 时间尺度的降水量；PET_i 为 i 时间尺度的潜在蒸散量。

蒸散量可通过 Penman - Monteith 公式得到，即

$$PET = \frac{0.408\Delta\ (R_n - G) + \gamma\ \dfrac{900}{273 + T}u_2\ (e_a - e_d)}{\Delta + \gamma\ (1 + 0.34u_2)} \tag{2-3}$$

式中：PET 为潜在蒸散量，mm/d；T 为平均温度，℃；Δ 为温度—饱和水气压关系曲线上在 T 处切线的斜率，kPa/℃；R_n 为净辐射，MJ/（m² · d）；γ 为湿度表常数，kPa/℃；u_2 为地面 2m 高处风速，m/s；e_a 为饱和水汽压，kPa；e_d 为实际水气压，kPa。

通过对降水和蒸散的差值 D_i 序列进行标准化，计算得到每个数值对应的 $SPEI$。由于原始数据序列 D_i 可能会存在负值，所以 $SPEI$ 采用 3 个参数的 log-logistic 概率分布。log-logistic 概率分布的累积函数为

$$F(x) = \left[1 + \left(\frac{\alpha}{x - \gamma} \right)^{\beta} \right]^{-1} \tag{2-4}$$

其中，α、β、γ 分别采用线性矩的方法拟合获得

$$\alpha = \frac{(w_0 - 2w_1)\beta}{\Gamma\left(1 + \dfrac{1}{\beta}\right) \Gamma\left(1 - \dfrac{1}{\beta}\right)} \tag{2-5}$$

$$\beta = \frac{2w_1 - w_0}{6w_1 - w_0 - 6w_2} \tag{2-6}$$

$$\gamma = w_0 - \alpha\Gamma\left(1 + \frac{1}{\beta}\right) \Gamma\left(1 - \frac{1}{\beta}\right) \tag{2-7}$$

式中：$\Gamma(\cdot)$ 为 gamma 函数；w_0、w_1、w_2 为原始数据列 D_i 的概率加权矩。

w_s 计算公式为

$$w_s = \frac{1}{N} \sum_{i=1}^{N} (1 - F_i)^s D_i \tag{2-8}$$

式中：N 为参与计算的月份数；s 为 0，1，2。

然后对累积概率密度进行标准化：

$$P = 1 - F(x) \tag{2-9}$$

当累积概率 $P \leqslant 0.5$ 时：

$$w = \sqrt{-2\ln P} \tag{2-10}$$

$$SPEI = w - \frac{c_0 + c_1 w + c_2 w^2}{1 + d_1 w + d_2 w^2 + d_3 w^3} \qquad (2-11)$$

式中：$c_0 = 2.515517$，$c_1 = 0.802853$，$c_2 = 0.010328$，$d_1 = 1.432788$，$d_2 = 0.189269$，$d_3 = 0.001308$。

当 $P > 0.5$ 时：

$$w = 1 - P \qquad (2-12)$$

$$SPEI = -\left(w - \frac{c_0 + c_1 w + c_2 w^2}{1 + d_1 w + d_2 w^2 + d_3 w^3} \right) \qquad (2-13)$$

计算出日标准 $SPEI$ 指数后，根据标准降雨蒸散发水分亏缺等级的划分标准（见表2-1）对日标准降雨蒸散发指数进行等级的划分。

表 2-1　　　　　　　　　　　　　　水分亏缺等级的划分

水分亏缺等级	亏缺指数（$SPEI$）	水分亏缺等级	亏缺指数（$SPEI$）
轻微亏缺	$0 \sim -0.99$	严重亏缺	$-1.50 \sim -1.99$
中等亏缺	$-1.00 \sim -1.49$	极其严重亏缺	$\leqslant -2.0$

通过对每个时间序列段的 $SPEI$ 进行各水分亏缺频率计算，得到各等级的频率，统计中等及以上水分亏缺事件发生的频率，以此来衡量发生水分亏缺的风险，即频率越高，因气候变化导致的水资源承载风险也越高。

$$Cl = \frac{\varphi}{\Psi} \qquad (2-14)$$

式中：Cl 为气候变化危险性指数；φ 为统计时期内发生中等及以上水分亏缺的次数（$SPEI \geqslant -1.49$）；Ψ 为总的统计时期数。

2.2.2.2　城市化

城市化是农业人口转化为非农业人口、农业地域转化为非农业地域、农业活动转化为非农业活动的过程。城市化最主要的特征为人口由农村向城市区域聚集，导致城市人口数量的增加，需要有更多的水资源供给来满足其用水需求，而与此同时也会增加污废水的排放，给水资源承载系统带来了压力，增大了水资源承载系统的危险性，其中以需用水压力的增加为主要因素。因此，可通过城市生活用水量（包括大生活用水）与总用水量之比，反映城市化对水资源承载系统的危险性，即城市化水承载危险性。

$$
\begin{aligned}
\text{城市化水承载危险性系数（} UI \text{）} &= \frac{\text{城市生活用水量}}{\text{总用水量}} \\
&= \frac{\text{城镇生活用水定额} \times 365 \times \text{城镇人口}}{1000 \times \text{年人均用水量} \times \text{总人口}} \\
&= \frac{\text{城镇生活用水定额} \times 365}{1000 \times \text{年人均用水量}} \times \text{城市化率}
\end{aligned}
$$

对于未来各地区的城市化率分析，以各地区城市化水平现状为基础，结合《国家新型城镇化规划（2014—2020年）》，以珠江三角洲、长江三角洲、京津冀、中原、长江中游、成渝、哈长等七大国家级城市群为研究区域，分析未来人口聚集的空间布局，估计各省级行政区未来的城市化率，进而得到未来城市化发展对水资源承载系统的危险性系数，见表 2-2。

表 2-2 城市化对水资源承载系统的危险性系数

省级行政区	危险性系数	省级行政区	危险性系数	省级行政区	危险性系数
北京	0.429	安徽	0.080	四川	0.129
天津	0.173	福建	0.129	贵州	0.127
河北	0.111	江西	0.082	云南	0.045
山西	0.123	山东	0.109	西藏	0.026
内蒙古	0.042	河南	0.107	陕西	0.119
辽宁	0.147	湖北	0.141	甘肃	0.052
吉林	0.072	湖南	0.094	青海	0.075
黑龙江	0.036	广东	0.184	宁夏	0.022
上海	0.303	广西	0.092	新疆	0.016
江苏	0.098	海南	0.139		
浙江	0.194	重庆	0.202		

注 本表不含台湾省、香港特别行政区和澳门特别行政区数据。

按照城市化水资源承载系统危险性系数大小，分为高、较高、中、低 4 个等级（表 2-3）对各地区未来人口城市化所造成的水资源承载系统危险进行定量评估，进而研究城市化对水资源承载系统的危险性。

表 2-3 人口城市化水承载系统危险性等级划分

项目	高	较高	中	低
UI	$UI \geqslant 0.20$	$0.20 > UI \geqslant 0.15$	$0.15 > UI \geqslant 0.08$	$0.08 > UI \geqslant 0$

2.2.2.3 产业结构

研究产业结构对水资源承载系统的危险性，需要结合各地区产业结构现状，并分析各地区资源禀赋、市场经济发展趋势、技术进步的可行性，综合把握地区的产业结构变化趋势，分析未来产业结构变化对水资源承载系统的危险性。这里重点分析农业和工业对水资源承载风险的影响。

农业主要考虑未来潜在农业开发及灌溉面积的增加等因素对区域水资源承载的危险性，可结合我国农业灌溉发展规划，分析未来新增农业灌溉面积及对水资源的需求态势，根据新增农业灌溉面积的大小定性对各地区的农业水资源承载系统风险进行评估。为了分析农业开发及灌溉对水承载系统的危险性，这里选择了人均粮食产量、农业用水比例、农业缺水率等因素作为农业灌溉引发水资源承载系统超载危险性因子，定量评估未来农业用水增加对水资源承载系统的危险性。其中农业缺水率是通过对 1961—2015 年各省级行政区的作物在不同季节灌溉用水总量和降水总量的比值进行计算，然后以 90% 频率下的缺水率作为该地区的农业缺水率，反映了灌溉用水与降水比值的地域特征。全国各省级行政区农业缺水率见表 2-4。

表 2-4　全国各省级行政区农业缺水率

省级行政区	90%频率下农业缺水率	省级行政区	90%频率下农业缺水率
北京	0.580	湖北	0.454
天津	0.606	湖南	0.544
河北	0.602	广东	0.409
山西	0.534	广西	0.398
内蒙古	0.565	海南	0.372
辽宁	0.452	重庆	0.526
吉林	0.424	四川	0.402
黑龙江	0.496	贵州	0.397
上海	0.458	云南	0.319
江苏	0.420	西藏	0.788
浙江	0.538	陕西	0.494
安徽	0.411	甘肃	0.614
福建	0.536	青海	0.614
江西	0.570	宁夏	0.702
山东	0.554	新疆	0.889
河南	0.508		

注　本表不含台湾省、香港特别行政区和澳门特别行政区数据。

农业危险性指数＝0.35×农业用水比例等级＋0.45×人均粮食产量等级
＋0.20×农业缺水等级

工业主要考虑高耗水、高污染产业的转移和未来国家的工业布局等对水资源承载风险的影响。结合国家工业发展规划,分析工业发展布局状况及对水资源需求与水质污染的风险。经典工业化理论认为,经济发展水平、产业结构、工业结构、就业结构和空间结构是衡量一个国家或地区工业化水平的几个重大标志。本章参考《中国工业化进程报告(1995—2015)》,以人均 GDP 来衡量地区的经济发展水平、以第一、第二、第三产业产值比来衡量产业结构,以制造业增加值占总商品生产部门(以第一产业和第二产业为主)增加值的比重来衡量工业结构,以城市化率来衡量空间结构,以第一产业就业人数占总就业人数的比重来衡量就业结构。使用上述 5 个主要指标,通过加权合成法计算得到工业水平综合指数 K,用"一"表示前工业阶段($K=0$),"二"表示工业化初期($0<K<33$),"三"表示工业化中期($33 \leqslant K < 66$),"四"表示工业化后期($66 \leqslant K < 100$),"五"表示后工业化时期($K \geqslant 100$)。工业化进程综合得分越高,工业化进程的阶段越高。2015 年北京、天津、上海的工业化进程综合得分都为 100,属于后工业化时期。2015 年各省级行政区工业化进程综合得分见表 2-5。

当工业化发展到后期,工业化达到了一个比较高的阶段,工业化进程逐步放缓趋于平稳,一些高耗水、高污染的工业逐渐被淘汰,对水资源承载系统的危险性不再增加,甚至降低;当工业化处于中期,工业化进程增长速度较快,工业化发展相对较落后,对水资源承载系统的危险性也比较大。

表 2-5   2015 年各省级行政区工业化进程综合得分

省级行政区	工业化进程综合得分	工业化发展阶段	工业化阶段指数	省级行政区	工业化进程综合得分	工业化发展阶段	工业化阶段指数
北京	100	五	1	湖北	76	四	1
天津	100	五	1	湖南	70	四	2
河北	70	四	2	广东	96	四	1
山西	57	三	3	广西	58	三	3
内蒙古	75	四	1	海南	42	三	4
辽宁	91	四	1	重庆	88	四	1
吉林	75	四	1	四川	64	三	2
黑龙江	53	三	3	贵州	39	三	4
上海	100	五	1	云南	41	三	4
江苏	96	四	1	西藏	47	三	4
浙江	97	四	1	陕西	69	四	2
安徽	69	四	2	甘肃	43	三	4
福建	91	四	1	青海	62	三	2
江西	70	四	2	宁夏	58	三	3
山东	88	四	1	新疆	44	三	4
河南	66	四	2				

注   数据来源于《中国工业化进程报告（1995—2015）》，"五"表示后工业化时期，"四"表示工业化后期，"三"表示工业化中期。表中不含台湾省、香港特别行政区和澳门特别行政区数据。

    工业发展对水资源承载系统的危险性除了工业化进程外，还与工业用水的变化趋势有关系。当工业用水呈下降趋势时，工业化对水资源承载系统的危险性逐渐减小；而当工业用水呈上升趋势，对水资源承载的危险性还将逐渐增大。通过对 1997—2015 年中国各地区的工业用水进行统计，分析全国各省级行政区工业用水变化趋势，见表 2-6。

表 2-6   全国各省级行政区工业用水趋势分析

省级行政区	工业用水变化斜率	工业用水拐点出现年份	省级行政区	工业用水变化斜率	工业用水拐点出现年份
北京	−0.448	2000	江苏	5.699	1997
天津	0.000		浙江	0.000	
河北	−0.304	1999	安徽	3.029	1997
山西	0.000		福建	−2.750	2011
内蒙古	0.616	1997	江西	1.274	1998
辽宁	0.000		山东	0.000	
吉林	0.557	2008	河南	0.916	1998
黑龙江	−4.747	2000	湖北	0.000	
上海	0.000		湖南	−1.350	2011

省级行政区	工业用水变化斜率	工业用水拐点出现年份	省级行政区	工业用水变化斜率	工业用水拐点出现年份
广东	0.000		西藏	0.052	1997
广西	0.944	1999	陕西	0.118	1999
海南	−3.000		甘肃	−0.416	1998
重庆	−2.980	2010	青海	0.000	
四川	0.000		宁夏	0.000	
贵州	0.000		新疆	0.345	2004
云南	0.344	1999			

注 "−"表示工业用水变化呈下降趋势。

本表不含台湾省、香港特别行政区、澳门特别行政区数据。

由表2-6可见，北京、河北、黑龙江、福建、海南等地的工业用水呈下降趋势。综合工业化进程现状和各地区的工业用水趋势，分析未来工业发展对水资源承载系统的危险性，按照加权平均计算得到工业化危险性指数：

工业化危险性指数＝0.15×工业化阶段指数＋0.85×工业用水趋势

以多年平均工业用水与农业用水的比重作为二者的权重系数，分析产业结构对水资源承载系统的危险性，具体计算公式：

产业结构危险性指数＝0.25×工业化危险性指数＋0.75×农业危险性指数

2.2.2.4 政策变化

我国属于缺水大国，全国水资源分布极不均匀。针对水资源与经济社会发展匹配不均匀状况，政府出台了一些有关水资源的政策，主要包括水量配置政策、水价政策、水权转让政策、水工程投资政策、水污染物减排政策、虚拟水贸易政策等。这些政策的实施对于水资源利用和社会经济产生了重要的影响。2006年国务院颁布了《取水许可和水资源费征收管理条例》，实行取水许可制度，是国家加强水资源管理的一项重要措施，是协调和平衡水资源供求关系，实现水资源永续利用的可靠保证。2010年中央一号文件明确提出实行最严格的水资源管理制度，建立用水总量控制、用水效率控制和水功能区限制纳污制度，并相应地划定用水总量、用水效率和水功能区限制纳污"三条红线"，到2020年全国年总用水量控制在6700亿 m³以内，到2030年全国用水总量控制在7000亿 m³以内，该政策的颁布将对我国水资源管理产生重要影响。2016年中共中央印发了《关于全面推行河长制的意见》，以保护水资源、防治水污染、改善水环境、修复水生态为主要任务，全面建立省、市、县、乡四级河长体系，为维护河湖健康生命、实现河湖功能永续利用提供制度保障。2018年中共中央办会厅、国务院办公厅印发《关于在湖泊实施湖长制的指导意见》，有力促进了水资源保护、水域岸线管理、水污染防治、水环境治理等工作。可见，我国对水资源管理的政策在不断发展，这些政策的实施为水资源的可持续利用提供了有力保障。

2.2.3 风险评估方法

2.2.3.1 模糊综合评价法

这里采用模糊综合评判方法对水资源承载系统的脆弱性进行评估。水资源承载系统涉及承载体、利用方式、承载对象 3 个方面。承载体为水资源的资源属性，除了资源量的属性表征外，还包括质的属性表征；利用方式则反应水资源保障系统所承载的经济规模及体系水平的状况；承载对象则要反应水资源系统所要支撑的以人为中心的人口数量、社会经济规模、文化水平及管理能力等综合水平。在损害水资源保障价值的因素中，涉及如环境意识、节水意识、政府对水的重视程度等意识层面属性归为文化水平，可利用城市化程度来反应；而水资源体系承载人口损害则用损害波及人口来反应；水资源管理体制及水利科技水平等无法定量的因素，则采用管理者应急能力来表征。管理者的意识、文化水平、应急能力等指标难以通过现有的统计数据来直接反应，针对这些指标，通过专家评定的方法来进行定性指标的定量化评价。

首先设定评语集 **V**，之后进行对应指标的隶属度集 **R** 的评定：

V＝ ｛V_1（弱），V_2（较弱），V_3（较强），V_4（强）｝

R＝ ｛0.0（弱），0.25（较弱），0.5（较强），0.75（强）｝

定性指标的定量评价通过专家评语来进行，专家评语由一些水文水资源科研单位、水利管理部门、水利规划研究所及经济及环境领域的专家给出。专家参照研究区自然、经济、社会状况，综合考虑研究主体的属性对相应指标在 4 个评语级别"弱、较弱、较强、强"上选择较为合适的一项。之后将各位专家对各指标的评语表进行汇总，统计评语分布比例作为所求的隶属度。

在评价指标中，定量指标能较容易地转换成相关标准下隶属度，而对于难以定量的指标，则按照综合的资源条件与区域发展水平进行确定。

分析各指标，其中可定量化指标为人均水资源量、水资源开发利用率、水体水质、库径比指数、产水模数、城市化率、人口密度、建设用地比重、人均 GDP、第三产业所占比重、水域面积率等共 11 个指标。定量指标资料可以通过调查、收集得到，而隶属度的确定则参照相关的检测标准或多年平均状态指标。即通过有关阈值的设定来计算获得，而水体水质则直接利用区域河流评价结果作为隶属度。

模糊评价矩阵如下：

$$\boldsymbol{B} = \boldsymbol{A} \times \boldsymbol{R} = (\lambda_1, \lambda_2, \cdots, \lambda_m) \begin{bmatrix} r_{11} & r_{12} & \cdots & r_{1n} \\ r_{21} & r_{22} & \cdots & r_{2n} \\ \vdots & \vdots & \vdots & \vdots \\ r_{m1} & r_{m2} & \cdots & r_{mn} \end{bmatrix} = (b_1, b_2, \cdots, b_m)$$

$$b_j = \min\left(1, \sum_{i=1}^{n} \lambda_i r_{ij}\right) \quad\quad (2-15)$$

权重系数（λ_i）可通过层次分析法得到。

在模糊数学中，定量指标隶属度的确定比较常用的方法是：德尔菲法、模糊统计法、增量法、模糊加权法及混合法等。本书采用升、降半梯形函数的模糊统计法来确定隶属度。具体方法为：根据以最大化为最优或最小化为最优的逻辑规则，判定指标寻优规则，并比照相关的标准，从而利用降半梯形函数或升半梯形函数推求最大化为最优与最小化为最优的指标隶属度。

若某因素的某项评价指标 X_{ij} 的上限值为 $(X_j)_{max}$ 下限值为 $(X_j)_{min}$，且该指标以最

大为最优；那么它的隶属度 r_{ij} 可用升半梯形函数表示，即

$$r_{ij}=\begin{cases} 0 & 0\leqslant x_{ij}\leqslant (x_j)_{\min} \\ \dfrac{x_{ij}-(x_j)_{\min}}{(x_j)_{\max}-(x_j)_{\min}} & (x_j)_{\min}<x_{ij}\leqslant (x_j)_{\max} \\ 1 & x_j>(x_j)_{\max} \end{cases} \qquad (2-16)$$

式中：$i=1,2,\cdots,n$；$j=1,2,\cdots,m$。

对于最大为最优者，用升半梯形表示（图 2-3）。

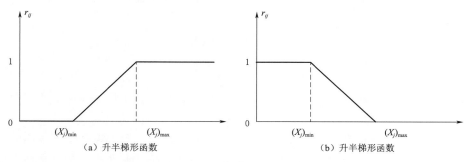

（a）升半梯形函数　　　　　　　　（b）升半梯形函数

图 2-3　升、降半梯形函数示意图

若某因素的某项评价指标 X_{ij} 的上限值为 $(X_{ij})_{\max}$，下限值为 $(X_{ij})_{\min}$，且该指标以最小化为最优；那么，它的隶属度 r_{ij} 可用降半梯形函数表示，即

$$r_{ij}=\begin{cases} 1 & 0\leqslant x_{ij}\leqslant (x_j)_{\min} \\ \dfrac{(x_j)_{\max}-x_{ij}}{(x_j)_{\max}-(x_j)_{\min}} & (x_j)_{\min}<x_{ij}\leqslant (x_j)_{\max} \\ 0 & x_j>(x_j)_{\max} \end{cases} \qquad (2-17)$$

式中：$i=1,2,\cdots,n$；$j=1,2,\cdots,m$。

2.2.3.2　水资源承载风险分级和风险阈值的确定

水资源承载风险设计为 4 个级别，从小到大分别为可接受风险、临近超载风险、超载风险和严重超载风险，随着风险类别的不同，其特征属性不同，相应风险描述和情景模式各有不同，总体趋势是按照从级别 I 到级别 IV 的顺序逐渐严重，见表 2-7。

表 2-7　　　　　　　　　　　水资源承载风险级别分级

级别	水资源承载风险指数	风险类别	风险描述	情景模式
I	≤15%	可接受风险	风险产生概率极微或破坏性极弱	短期供水不足或水污染
II	≤50%且>15%	临近超载风险	要约束水资源使用来防范风险	生态用水受限、水资源拥有量剧减
III	≤85%且>50%	超载风险	风险发生或潜在存在造成系统损害	生产受阻、抑制生产、农业调整、弃农保工
IV	>85%	严重超载风险	风险极易发生并造成极大破坏，风险发生频繁且造成不易恢复性破坏	生活用水严重短缺、弃工保生

　　水资源承载力是在水资源系统与经济社会系统之间寻求"平衡"状态，当水资源系统无法支撑经济社会发展规模时，就是"超载"；如果可以支撑，就是"承载"；处于两者的临界，可以认为处于"平衡"。本文根据经济社会系统发展对水资源系统所产生的压力超载程度，将水资源承载压力分为严重超载、超载、承载、低载 4 个等级。采用聚类分析的方法计算阈值划分。

　　聚类分析：聚类分析是研究（样品或指标）分类问题的一种多元统计方法。采用快速样本聚类分析法，具体步骤如下：

　　(1) 按照指定的分类数目 n，按某种方法选择某些观测量，设为 $\{Z_1, Z_2, \cdots, Z_n\}$ 作为初始聚类中心。

　　(2) 计算每个观测量到各个聚类中心的欧式距离。即

$$d_{ij} = ||x_i - y_i|| = \sqrt{\sum_{i=1}^{k} (x_i - y_i)^2} \tag{2-18}$$

按就近原则将每个观测量选入一个类中，然后计算各个类的中心位置，即均值，作为新的聚类中心。

　　(3) 使用计算出来的新聚类中心重新进行分类，分类完毕后继续计算各类的中心位置，作为新的聚类中心。如此反复操作，直到两次迭代计算的聚类中心之间距离的最大改变量小于初始聚类中心间最小距离的倍数时，或者达到迭代次数的上限时，停止迭代。

　　本章利用 SPSS19.0 对选取的指标进行聚类分析计算。根据全国各地区的水资源承载指标的历史数据，对各指标数据进行快速聚类分析（其中水体水质根据公报中水质类别分级），按照高、较高、中、低 4 类划分指标的阈值，同时结合未来发展的趋势，综合给出评价指标阈值划分范围，见表 2-8。

表 2-8　　　　　　　　　水资源承载系统脆弱性评价指标阈值划分

指　　标	高	较高	中	低
人均水资源量/（m³/人）	101	499	1033	2112
产水模数/（万 m³/km²）	5	11	23	51
水资源开发利用率/%	119	100	78	39
水体水质（功能区水质）	劣Ⅴ类	Ⅴ类	Ⅲ类、Ⅳ类	Ⅰ类、Ⅱ类
水域面积率/%	0	0.02	0.03	0.05
库径比指数	3	2	1.5	0.5
人均GDP/（万元/人）	2	5	8	10
三产比重/%	31.0	45.0	60.0	75.0
人口密度/（人/km²）	1012	791	360	189
城市化率/%	81	69	51	27
建设用地比重/%	0.2	0.15	0.1	0.01

2.2.3.3　权重确定

　　评价水资源承载风险需要对各个指标的重要性进行分析并确定权重，包括准则层的权重和指标层的权重。从准则层分析，水资源系统尤为重要，这里以水资源承载风险分析

为目标，社会系统和经济系统准则也发挥相应作用。重要程度为水资源系统＞社会系统＞经济系统。从指标层分析，在水资源系统中，各指标以量、质、域、流为顺序，人均水资源十分重要，然后为水体水质，相应重要程度排序为：人均水资源＞水体水质＞水资源开发利用率＞水域面积率＞库径比指数＞产水模数。社会系统中各指标重要程度排序为：人口密度＞城市化率＞建设用地比重。经济系统中，经济总量为先，经济结构为次，因此重要性为：人均GDP＞三产比重。采用专家打分的方法，其打分表格具体见表2-9～表2-12。

表2-9 准 则 层 打 分 表

项　　目	水资源系统	社会系统	经济系统
水资源系统	1		
社会系统		1	
经济系统			1

表2-10 水资源系统各指标打分表

项　　目	人均水资源量	水体水质	水资源开发利用率	水域面积率	库径比指数	产水模数
人均水资源量	1					
水体水质		1				
水资源开发利用率			1			
水域面积率				1		
库径比指数					1	
产水模数						1

表2-11 社会系统各指标打分表

项　　目	人口密度	城市化率	建成区面积
人口密度	1		
城市化率		1	
建成区面积			1

本书权重确定的方法采用层次分析法。层次分析法的主要特征是，合理地把定性与定量决策结合起来，按照思维心理的规律把决策过程层次化、数量化。利用层次分析法确定权重系数，是将水资源承载风险各个指标作为评价因子，即

表2-12 经济系统各指标打分表

项　　目	人均GDP	三产比重
人均GDP	1	
三产比重		1

$$U = (u_1, u_2, \cdots, u_i, \cdots, u_N)$$

式中：$i=1, 2, \cdots, N$。

根据上述数值标度及其定义，可得以下判断矩阵 P：

$$P = \begin{bmatrix} u_{11} & u_{12} & \cdots & u_{1n} \\ u_{21} & u_{22} & \cdots & u_{2n} \\ \vdots & \vdots & \vdots & \vdots \\ u_{m1} & u_{m2} & \cdots & u_{mn} \end{bmatrix} \qquad (2-19)$$

在矩阵 P 中，$u_{ii}=1$，$u_{ij}=u_{ji}{}^{-1}$，其中 i，$j=1$，2，$\cdots$，N。根据上述判断矩阵，权重系数大小确定方法与步骤如下：

（1）按列标准化判断矩阵：

$$\overline{u}_{ij} = \frac{u_{ij}}{\sum\limits_{i=1}^{N} u_{ij}} \qquad (i,\ j=1,\ 2,\ \cdots,\ N) \qquad (2-20)$$

式中：u_{ij} 表示 u_i 对 u_j 的相对重要性数值，$(j=1,\ 2,\ \cdots,\ N)$。判断矩阵标度及其定义见表 2-13。

表 2-13   判断矩阵标度及其定义

标度	定义
1	相似元 u_i 与 u_j 相比较，同等重要
3	相似元 u_i 与 u_j 相比较，u_i 比 u_j 稍微重要
5	相似元 u_i 与 u_j 相比较，u_i 比 u_j 明显重要
7	相似元 u_i 与 u_j 相比较，u_i 比 u_j 强烈重要
9	相似元 u_i 与 u_j 相比较，u_i 比 u_j 极端重要
2, 4, 6, 8	相邻判断的两个标度之间折中时，取中值
倒数	相似元 u_i 与 u_j 相比较后判断 u_{ij}，则相似元 u_j 与相似元 u_i 比较得判断 $u_{ji}=u_{ij}{}^{-1}$

（2）按行相加标准化后的判断矩阵：

$$\overline{\lambda}_i = \sum\limits_{j=1}^{N} \overline{u}_{ij} \qquad (i=1,\ 2,\ \cdots,\ N) \qquad (2-21)$$

（3）标准化向量 $\overline{\lambda}=(\overline{\lambda}_1,\ \overline{\lambda}_2,\ \cdots,\ \lambda_i,\ \cdots,\ \overline{\lambda}_N)^{\mathrm{T}}$：

$$\lambda_i = \frac{\overline{\lambda}_i}{\sum\limits_{i=1}^{N} \lambda_i} \qquad (i=1,\ 2,\ \cdots,\ N) \qquad (2-22)$$

从而得权值向量 $\lambda=(\lambda_1,\ \lambda_2,\ \cdots,\ \lambda_N)$。

（4）一致性检验：

判断上述的权值分配是否合理，需要对判断矩阵 P 的一致性进行检验，为此引入一致性指标 CI，定义如下：

$$CI = \frac{\lambda_{\max} - N}{N-1} \qquad (2-23)$$

式中：$\lambda_{\max}$ 为 P 的最大特征值；N 为 P 的阶数。

显然，当判断矩阵具有完全一致性时，$CI=0$。$\lambda_{\max}-N$ 值愈大，CI 愈大，矩阵的一致性愈差。为确定判断矩阵是否具有满意的一致性，需要将 CI 与平均随机一致性指标

RI 进行比较。对于 $1\sim9$ 阶矩阵的 RI 值见表 2-14。

表 2-14   判断矩阵的 RI 值

阶数（N）	1	2	3	4	5	6	7	8	9
RI	0.00	0.00	0.58	0.90	1.12	1.24	1.32	1.41	1.45

对于 1、2 阶判断矩阵，RI 只是形式上的，按照定义，1 阶、2 阶判断矩阵总是完全一致的。当阶数大于 2 时，判断矩阵的一致性指标 CI，与同阶平均随机一致性指标 RI 之比称为判断矩阵的随机一致性比例，记为 CR。当 $CR=CI/RI<0.10$ 时，判断矩阵具有满意的一致性，否则就需要对判断矩阵进行调整。

按照上述权重计算方法，根据专家打分，并进行一致性检验，在满足一致性要求的前提下，得到准则层和指标层的权重值，结果见表 2-15。

表 2-15   脆弱性指标体系权重

准则层	指标层	准则层权重	目标层权重
承载体 0.647	人均水资源量/（m³/人）	0.508	0.329
	产水模数/（万 m³/km²）	0.027	0.018
	水资源开发利用率/%	0.130	0.084
	水体水质（功能区水质）	0.150	0.097
	水域面积率/%	0.060	0.039
	库径比指数	0.125	0.081
经济系统 0.099	人均 GDP/（万元/人）	0.833	0.082
	三产比重/%	0.167	0.016
社会系统 0.254	人口密度/（人/km²）	0.595	0.151
	城市化率/%	0.347	0.088
	建设用地比重/%	0.058	0.015

灾害风险评估是以致灾因子对承灾体的影响为评价对象，相应的构成要素为评估因子，构建研究区域的灾害风险评估指标体系，利用数学模型计算指标的权重后结合指标值计算研究区域的风险等级。

分析区域水资源承载风险要综合考虑气候变化、城市化、产业结构对区域水资源可利用量、水环境状况、水域面积、河流水流状况 4 个方面的影响。对每个因子进行阈值划分，并赋予每个等级以权重（如 1、2、3、4），计算水资源承载的风险，最后得到水资源超载风险。

构建水资源承载风险评价概念模型如下。

综合风险评价：
$$R = \sum_{j=1}^{4} r_{ij} w_j$$

式中：R 为风险；r_{ij} 为第 i 因子（水资源承载风险系统中具体表示为水量因子、水质因子、水域因子、水流因子）对风险级别 j 情况下的隶属度（或者归一化值），可通过模糊综合评价法求得（归一化处理）；w_j 为第 i 因子 j 等级所对应的权重（高风险 $j=4$，较高

风险 $j=3$，中等风险 $j=2$，低风险 $j=1$），见表 2-16。

表 2-16　　　　　　　　　　　水资源承载风险等级划分及权重

项目	阈值划分	风险级别	风险隶属度	权重 w_j
评价因子 C_{ij}	$C_{ij}<H_1$	低风险	r_{ij}	1
	$H_1\leqslant C_{ij}<H_2$	中等风险	r_{ij}	2
	$H_2\leqslant C_{ij}<H_3$	较高风险	r_{ij}	3
	$C_{ij}\geqslant H_3$	高风险	r_{ij}	4

综合风险评语划分：高风险 $R>3.5$；较高风险 $2.5<R\leqslant 3.5$；中等风险 $1.5<R\leqslant 2.5$；低风险 $R\leqslant 1.5$

2.2.3.4　水资源承载系统综合风险评估

风险的定量评价一直是学者致力解决的问题，早期研究中用危险性和脆弱性的加和来进行风险的定量研究，即：风险＝危险性＋脆弱性（Blaikie，1994）。在最新的研究中，通常用干旱的危险性和脆弱性乘积的概念模型来进行风险的计算，即：风险＝危险性×脆弱性（Downing，1999；Bakker，2000；Wilhite，2000）。基于此，建立水资源承载风险评价模型如下：

$$WCRI=WCHI\times WCVI \tag{2-24}$$

式中：$WCRI$ 为水承载风险指数；$WCHI$ 为水承载系统危险性指数；$WCVI$ 为水承载系统脆弱性指数。$WCRI$ 指数值越大，水资源承载系统超载的风险越大。

1. 单因子影响风险评估

在气候变化、城市化、产业结构调整和政策等不确定性因素的影响下，水资源系统的承载力发生变化，并导致风险产生。由于各个风险因子的作用不同，需要对各个因子的危害性进行逐一评估。

气候变化因子主要对水资源承载系统中的水资源子系统发生作用，导致整个水资源承载系统风险发生，由于气候变化在过去 50 年来的巨大影响及其不确定性因素引人关注，因此，当今背景下气候因子的作用是至关重要的。

中国是发展中国家，工业化过程方兴未艾，城市化和产业结构调整的任务尚未完成，在今后一段时间，这两个因子都会对水资源系统发挥作用。从机理分析，主要是对社会子系统和经济子系统发生影响，导致整个水资源承载系统风险的发生。

政策因素对水资源承载系统的作用则较为综合，既有对社会经济系统的影响，也有对水资源（水量、水质、水域、水流）系统的影响，例如我国社会经济系统中的人口政策在过去几十年发生过几次巨大的变化，我国对外贸易政策与当今中美贸易争端都使经济系统产生波动，我国的小水电发展政策会对水资源系统的水流子系统发生直接作用等。

水资源承载风险单因子评估，是指水资源承载系统在气候变化、社会发展（城镇化、产业结构）、政策不确定性等致险因素的影响下，水资源系统水量、水质、水域、水流 4 方面的其中一方面发生变化，引发水资源系统发生超载的可能性，其评估框架见图 2-4。

单因子水资源承载风险评价模型如下：

$$WCRI_i = WCHI_i \times WCVI \tag{2-25}$$

式中：$WCRI_i$ 为第 i（$i=1$，2，3，4，分别代表水量、水质、水域、水流）方面的水承载风险指数；$WCHI_i$ 为第 i 方面水承载系统危险性指数；$WCVI$ 为水承载系统脆弱性指数。

2. 多因子综合影响风险评估

以上 4 个风险因子对水资源承载系统的作用各不相同，其综合作用则取决于两方面，第一是各个因子风险作用的大小，第二是各个因子的相互作用。

从单因子分析知道，各个因子的作用在不同的阶段对水资源承载系统的作用有所差异。当前气候变化对承载系统中的水资源子系统有重要影响，未来一段时间城市化和政策因素都会对水资源系统产生较为强烈的影响。

从单个风险因子的作用机理我们不难发现，各因子对水资源系统的作

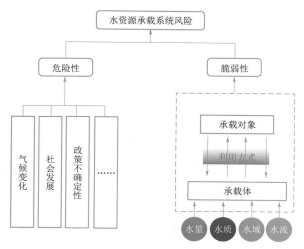

图 2-4 单因子水资源承载系统评估框架

用是十分复杂的，由于系统的完备性要求和各项指标选择上的冲突，很难保证各指标之间的相互独立性。例如政策因子的不确定性与城市化、产业结构和水资源等各个子系统之间的作用可能是相互扰动的。因此在进行风险分析时必须加以考虑。

3. 水资源承载系统的脆弱性变化

在对水资源承载系统进行分析时，采用的基本假设是水资源系统的脆弱性保持不变，主要的研究对象是风险因子的不确定性分析和定量化过程。实际上，不同年份水资源系统中的各个子系统都在发生变化，然而这一变化的精确描述必须进行不同年份的水资源供需分析等一系列的关联研究，这在本章中不是任务的核心，因此进行假设和淡化。另外，水资源系统脆弱性的变化本身及其导致的水风险变化也是一个值得研究的课题。

根据第 2 章所建立的水资源承载风险评估方法，从承载系统的脆弱性与致险因子的危险性两方面，对中国水资源承载力的风险进行评估。

3.1 脆弱性指数

水资源承载系统脆弱性评估包括承载体、利用方式、承载对象 3 个子系统，评估结果具体如下。

3.1.1 承载体脆弱性指数

承载体主要指水资源子系统，所包含的指标主要有人均水资源量、产水模数、水资源开发利用率、水体水质、水域面积率、水量交换等。承载体脆弱性指数是水资源承载系统脆弱性在水资源方面的综合反映，是衡量水资源在水量、水质、水域、水流等功能属性方面的易损性和脆弱性，承载体脆弱性指数越大，其水资源承载系统的脆弱性越高，越容易遭受破坏。

承载体脆弱性指数最高的地区为河北、山西、天津、北京，这些地区人口较多，而水资源量却相对匮乏，对水资源的开发利用率非常高，具有资源型缺水和水质型缺水并存的特点，一方面水资源供需矛盾突出，另一方面水质状况较差，使得上述地区承载体脆弱性指数较高。承载体脆弱性指数最低的地区为湖南、海南、湖北、浙江等，这些地区的水资源相对丰富，水资源开发利用率相对较低，水域面积率也较高。

从空间分布上，南方地区的承载体脆弱性指数明显低于北方地区，总体上与我国南北方地区水资源量分布格局相一致。水资源短缺的北方地区，承载体脆弱性指数相对较高，而水资源相对较丰富的南方地区，承载体脆弱性指数相对较低。同时脆弱性指数也与水质有关，如同样是北方水资源短缺的京津冀地区，因其水功能区的水质相对西部地区要差，其承载体脆弱性指数较西北地区的偏高。在南方地区，由于对水能的开发利用，河道水流速度降低，影响河流健康生态流量，使得水体的承载功能降低，水资源承载力的风险增加，如云南省的承载体脆弱性指数较同处南方地区的其他省级行政区承载体指数明显偏高。

　　从构成水资源系统承载体的量、质、域、流方面分析，水量脆弱性指数较高的地区为北京、天津、河北、山西等地，主要因这些地区的人均水资源量相对较少；水质脆弱性指数较高的地区为天津、山西、宁夏等地区，这些地区的功能区水质较差，Ⅴ类与劣Ⅴ类水质所占比例较高；水域脆弱性指数较高的省级行政区为山西、内蒙古、甘肃、新疆等，水域面积占区域总面积的比例较低；水流脆弱性指数较高的省级行政区有北京、天津、河北等，水库等坝址工程对地表径流的控制性比较高，造成河川径流阻隔的增加。云南、四川虽然水库坝址等较多，但这些地区的地表径流量大，因此水流的脆弱性指数并不高。全国各省级行政区水资源量、质、域、流及承灾体脆弱性指数结果见表 3-1。

表 3-1　　全国各省级行政区水资源量、质、域、流及承载体脆弱性指数结果

省级行政区	水量脆弱性指数	水质脆弱性（功能区水质指数）指数	水域脆弱性（水域面积占区域面积比）指数	水流脆弱性（库径比等级指数）指数	承载体脆弱性指数
北京	3.465	2.388	2.521	4.000	3.314
天津	3.445	3.287	1.000	4.000	3.345
河北	3.593	2.560	2.896	4.000	3.447
山西	2.986	3.000	3.638	1.281	2.814
内蒙古	1.162	2.098	3.622	1.041	1.434
辽宁	2.720	2.766	1.701	3.331	2.743
吉林	1.505	1.963	2.128	1.484	1.608
黑龙江	1.065	2.123	2.504	1.000	1.302
上海	1.000	2.085	1.000	1.000	1.163
江苏	1.805	2.086	1.000	1.000	1.698
浙江	1.111	1.686	1.000	1.005	1.177
安徽	1.000	1.586	1.000	1.000	1.088
福建	1.000	1.556	2.635	1.000	1.181
江西	1.000	1.181	1.000	1.000	1.027
山东	2.673	2.452	1.000	2.151	2.475
河南	2.304	2.774	1.764	1.850	2.286
湖北	1.000	1.445	1.000	1.535	1.134
湖南	1.000	1.289	1.000	1.000	1.043
广东	1.000	1.778	1.000	1.000	1.117
广西	1.000	1.151	2.307	1.000	1.101
海南	1.000	1.085	1.488	1.000	1.042
重庆	1.000	1.973	2.012	1.000	1.206
四川	1.000	1.337	3.200	1.000	1.182
贵州	1.000	1.311	3.406	1.000	1.190
云南	1.000	2.105	3.374	1.000	1.308
西藏	1.018	1.306	2.131	1.000	1.125

续表

省级 行政区	水量脆弱性 指数	水质脆弱性（功能区 水质指数）指数	水域脆弱性（水域面积 占区域面积比）指数	水流脆弱性（库径比 等级指数）指数	承载体脆 弱性指数
陕西	1.711	1.662	3.490	1.000	1.721
甘肃	1.319	1.570	3.827	1.000	1.467
青海	1.082	1.098	2.747	1.000	1.174
宁夏	1.122	3.445	3.494	1.000	1.597
新疆	1.165	1.045	3.568	1.000	1.270

注　本表不含台湾省、香港特别行政区、澳门特别行政区数据。

3.1.2　利用方式脆弱性指数

利用方式脆弱性指数包含的指标主要有人均 GDP 和第三产业比重，是水资源承载系统脆弱性在经济方面的综合反映，体现不同地区对水资源的利用效率。越是经济发达地区，水的边际效益越高，利用方式脆弱性指数越低。而在经济相对落后地区，水资源的边际效益相对较低，利用方式脆弱性指数较高，水资源承载系统所具有的脆弱性也较高。

利用方式脆弱性指数较高的地区有甘肃、云南、贵州、广西等，这些地区经济相对落后，产业结构以第一产业为主，单方水的效益产出相对较低。利用方式脆弱性指数较低的地区为北京、上海、天津、江苏等，这些地区经济相对较发达，产业结构基本以第三产业为主，如北京、天津、上海的人均 GDP 都超过了 10 万元，第三产业比重高达 79.7%、52.5% 和 67.8%，单方水的边际效益较其他地区要高很多。利用方式体现了经济社会发展对水资源的利用效率。

从空间分布上，利用方式脆弱性指数具有东部地区的低于西部地区、沿海地区低于内陆地区、南方地区的低于北方地区的特点。同时，也与水资源量的分布具有一定关系，在水资源丰富地区，如在西南地区，对于节水的意识不是很强，水资源的浪费比较严重，利用方式脆弱性指数相对比较高。在京津冀地区，水资源短缺，公众的节水意识比较强，利用方式脆弱性指数相对较低，对水资源承载系统脆弱性风险贡献较小。

全国各省级行政区水资源系统利用方式脆弱性指数见表 3-2。

表 3-2　　　　全国各省级行政区水资源系统利用方式脆弱性指数

省级行政区	利用方式脆弱性指数	省级行政区	利用方式脆弱性指数
北京	1.000	江苏	1.274
天津	1.187	浙江	1.595
河北	3.142	安徽	3.214
山西	3.149	福建	2.067
内蒙古	2.565	江西	3.214
辽宁	2.816	山东	2.339
吉林	2.852	河南	3.114
黑龙江	3.103	湖北	2.702
上海	1.064	湖南	2.967

续表

省级行政区	利用方式脆弱性指数	省级行政区	利用方式脆弱性指数
广东	2.058	西藏	3.236
广西	3.345	陕西	2.834
海南	2.927	甘肃	3.499
重庆	2.588	青海	3.152
四川	3.099	宁夏	2.966
贵州	3.339	新疆	3.143
云南	3.410		

注 本表不含台湾省、香港特别行政区和澳门特别行政区数据。

3.1.3 承载对象脆弱性指数

承载对象脆弱性指数涉及的指标主要有人口密度、城市化率和建设用地比重，是水资源承载系统脆弱性在社会方面的综合反映，体现了不同地区社会发展对资源与生态环境系统造成的压力。越是社会发达地区，人口集聚度越高，城市化发展水平越高，如此对水资源与生态环境系统带来的风险压力越大。相反，在社会发展相对落后地区，人口集聚度相对较低，城市化水平较低，人类社会活动给水资源与生态环境带来的负荷相对较小，风险的脆弱性也相对较小。

承载对象脆弱性指数较高的地区为北京、天津、上海等，这些地区人口密集，城市化水平、建设用地比例相对较高。承载对象脆弱性指数较低的地区为西藏、贵州、云南等，地貌类型山区较多，人口稀少，人口密度也相对较低，人类活动对资源环境的影响较小，对水资源承载系统的脆弱性影响较小。

从空间分布上，承载对象脆弱性指数明显具有沿海地区高于内陆地区，东部地区高于西部地区的特征，这与当前我国经济社会发展的空间格局基本一致，即越是经济社会发达的地区，承载对象脆弱性指数越高，人类社会活动对资源环境的开发利用程度越高，增加了水资源承载系统的脆弱性。

全国各省级行政区水资源系统承载对象脆弱性指数见表3-3。

表3-3　　全国各省级行政区水资源系统承载对象脆弱性指数

省级行政区	承载对象脆弱性指数	省级行政区	承载对象脆弱性指数
北京	4.000	上海	4.000
天津	4.000	江苏	3.041
河北	2.144	浙江	2.628
山西	1.673	安徽	2.218
内蒙古	1.561	福建	2.113
辽宁	2.121	江西	1.765
吉林	1.487	山东	2.660
黑龙江	1.524	河南	2.345

45

省级行政区	承载对象脆弱性指数	省级行政区	承载对象脆弱性指数
湖北	2.006	云南	1.295
湖南	1.929	西藏	1.056
广东	2.745	陕西	1.481
广西	1.409	甘肃	1.286
海南	1.833	青海	1.387
重庆	2.253	宁夏	1.505
四川	1.361	新疆	1.323
贵州	1.343		

注 本表不含台湾省、香港特别行政区和澳门特别行政区数据。

3.1.4 脆弱性综合指数

将上述承载体脆弱性指数、利用方式脆弱性指数、承载对象脆弱性指数进行空间叠加，构成了水资源承载系统的脆弱性综合指数。从省级行政区上分析，脆弱性综合指数较高的地区为北京、天津、河北，由于京津冀所处的海河流域径流量较小，水资源量短缺，水功能区水质较差，且经济社会发达，人口密集，城市化发展水平相对较高，如此给水资源与生态环境带来的承载压力较大。脆弱性综合指数较低的地区为西藏、广西、青海、四川等，这些地区经济社会发展相对落后，人口稀少，人类活动对水资源与生态环境的影响较小，水资源承载系统脆弱性不高。

从空间分布上，脆弱性综合指数以华北地区相对较高，尤其是京津冀地区，水资源短缺，人口密集，城市化水平相对较高，人类活动对水资源与生态环境的影响较大。长期的取用地下水，使得地下水漏斗加剧。在广阔的西部地区，由于人类活动对资源环境影响相对较小，水资源承载系统的脆弱性也相对较小。这也说明水资源承载系统的脆弱性，并不与降水量分布完全一致，它还受社会经济活动的影响，在广阔的西部地区，如西藏、新疆、青海等地区，降水较少，水资源比较短缺，但人类社会经济活动也相对较少，水资源承载系统综合脆弱性并不是最高的。

全国水资源承载系统脆弱性综合指数空间分布见图 3-1。全国各省级行政区水资源承载系统脆弱性综合指数见图 3-2。

为了揭示脆弱性形成的原因，这里将从承载体、利用方式、承载对象等方面进行分析。脆弱性综合指数最高的省份集中在京津冀地区，脆弱性综合指数达到了 3.0 以上，北京、天津脆弱性综合指数高是由于承载体（水资源系统）和承载对象（社会系统）指数高造成的。增加水资源量（强载）、人口疏散（卸荷）能够降低脆弱性综合指数。河北省脆弱性指数高是由承载体（水资源系统）、利用方式（经济系统）指数高造成，为此可通过跨区调水增加水资源量，增强承载体的抗风险能力，发展循环经济，提高水资源利用效率。青海、四川、广西、西藏等地的利用方式指数较低，但人均水资源量相对较丰富，且社会经济对水资源的压力较小，所以脆弱性综合指数也较低。全国各省级行政区脆弱性综合指数评价结果见表3-4。

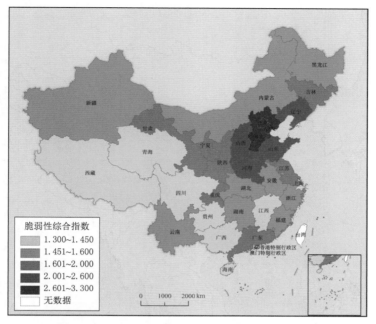

图 3-1　全国水资源承载系统脆弱性综合指数空间分布

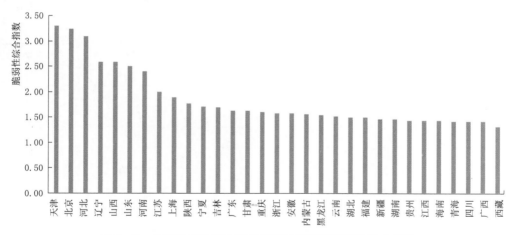

图 3-2　全国各省级行政区水资源承载系统脆弱性综合指数

（注：本图不含台湾省、香港特别行政区和澳门特别行政区数据。）

表 3-4　　　　　　　　　　全国各省级行政区脆弱性综合指数评价结果

序号	省级行政区	承载体指数	利用方式指数	承载对象指数	脆弱性综合指数
1	天津	3.345	1.187	4.000	3.299
2	北京	3.314	1.000	4.000	3.261
3	河北	3.447	3.142	2.144	3.086
4	辽宁	2.743	2.816	2.121	2.592

序号	省级行政区	承载体指数	利用方式指数	承载对象指数	脆弱性综合指数
5	山西	2.814	3.149	1.673	2.557
6	山东	2.475	2.339	2.660	2.508
7	河南	2.286	3.114	2.345	2.382
8	江苏	1.698	1.274	3.041	1.998
9	上海	1.163	1.064	4.000	1.874
10	陕西	1.721	2.834	1.481	1.769
11	宁夏	1.597	2.966	1.505	1.708
12	吉林	1.608	2.852	1.487	1.700
13	广东	1.117	2.058	2.745	1.623
14	甘肃	1.467	3.499	1.286	1.621
15	重庆	1.206	2.588	2.253	1.608
16	浙江	1.177	1.595	2.628	1.587
17	安徽	1.088	3.214	2.218	1.584
18	内蒙古	1.434	2.565	1.561	1.578
19	黑龙江	1.302	3.103	1.524	1.536
20	云南	1.308	3.410	1.295	1.511
21	湖北	1.134	2.702	2.006	1.510
22	福建	1.181	2.067	2.113	1.505
23	新疆	1.270	3.143	1.323	1.468
24	湖南	1.043	2.967	1.929	1.458
25	贵州	1.190	3.339	1.343	1.441
26	江西	1.027	3.214	1.765	1.430
27	海南	1.042	2.927	1.833	1.429
28	青海	1.174	3.152	1.387	1.422
29	四川	1.182	3.099	1.361	1.416
30	广西	1.101	3.345	1.409	1.400
31	西藏	1.125	3.236	1.056	1.315

注　本表不含台湾省、香港特别行政区和澳门特别行政区数据。

3.2　危险性指数

气候变化、城镇化、产业结构变化和政策均具有不确定性并会导致水资源承载系统发生超载的风险，各风险因子对水资源承载系统的作用可以是独立的，也可以综合评估。

3.2.1　气候变化危险性指数

气候变化对水资源承载系统风险主要考虑降水和蒸散发作用。在不同情景年份，降水预测主要采用以下 4 种气候模式：GFDL-ESM2M，HadGEM2-ES，MIROC-ESM-CHEM，NorESM1-M。统计时期方面以 10 年作为一个数据统计周期，评估时段采用近期、中期、远期三个情景，近期为 2021—2030 年，中期为 2031—2040 年，远期为 2041—2050 年。按照 4 种气候模式，对基准期的水分亏缺频次进行统计，然后取 4 种模式计算得到的平均值作为气候变化危险性指数。

西北地区气候变化危险性指数较高，如新疆的气候变化危险性指数高达 3.445，青海达 2.299，西北地区发生水分亏缺的概率比较高，海南最低为 0.208。全国各省级行政区气候变化危险性指数见表 3-5。

表 3-5　　　　　　　　　全国各省级行政区气候变化危险性指数

省级行政区	气候变化危险性指数	省级行政区	气候变化危险性指数
北京	1.394	湖北	0.624
天津	1.056	湖南	1.211
河北	1.259	广东	1.024
山西	1.610	广西	0.891
内蒙古	1.632	海南	0.208
辽宁	0.747	重庆	0.800
吉林	0.537	四川	1.062
黑龙江	0.828	贵州	1.059
上海	0.720	云南	2.043
江苏	0.901	西藏	2.115
浙江	0.680	陕西	1.150
安徽	0.897	甘肃	1.971
福建	1.113	青海	2.299
江西	0.998	宁夏	1.960
山东	0.850	新疆	3.445
河南	0.795		

注　本表不含台湾省、香港特别行政区和澳门特别行政区数据。

相对于近期，中期气候变化危险性指数增加最大的两个省级行政区为内蒙古、浙江，危险指数分别由近期的 1.632、0.680 增加到中期的 3.229 和 1.849，增加了 97.9% 和 171.9%。远期气候变化危险性指数增加的省份为上海、宁夏、内蒙古、吉林、天津、河北等地。北方地区气候变化危险性指数增加较南方地区明显。引起气候变化危险性增加的主要原因为降水量减少、蒸发量增大所导致水分亏缺的概率增加，进而造成水资源系统发生超载的危险性增加。全国各省级行政区中期与远期气候变化危险性指数见表 3-6。

表 3-6　　　　　　　全国各省级行政区中期与远期气候变化危险性指数

省级行政区	中期	远期	省级行政区	中期	远期
北京	1.326	1.829	河北	1.642	2.269
天津	1.056	2.208	山西	1.605	2.470

续表

省级行政区	中期	远期	省级行政区	中期	远期
内蒙古	3.229	2.901	广东	1.453	1.339
辽宁	0.589	1.520	广西	1.055	0.678
吉林	1.195	1.723	海南	0.976	0.960
黑龙江	1.560	1.542	重庆	1.214	0.701
上海	1.600	2.400	四川	0.890	1.234
江苏	1.423	1.617	贵州	0.510	0.307
浙江	1.849	1.680	云南	1.513	1.286
安徽	0.983	1.771	西藏	2.286	2.186
福建	1.723	1.801	陕西	1.468	2.017
江西	1.473	1.717	甘肃	2.260	2.653
山东	0.816	1.823	青海	1.905	1.995
河南	0.895	1.741	宁夏	2.568	3.360
湖北	0.849	1.266	新疆	3.303	3.670
湖南	1.395	1.256			

注　本表不含台湾省、香港特别行政区和澳门特别行政区数据。

3.2.2　城市化危险性指数

　　根据城市化对水资源承载系统危险性评估方法，评估城市化危险性并进行等级划分，得到不同水平年各地区城市化对水资源承载系统的危险性指数。城市化危险性指数最高的地区集中在经济、城市化水平较高的大城市地区，如京津冀地区的北京、天津，长江中下游地区的上海、浙江，长江中上游地区的重庆，以及珠江三角洲地区的广东。上述地区是我国未来城市群建设的重点地区，城镇生活用水定额相对人均用水量较高，且城市化率也都比较高。2017 年北京市城镇生活用水定额与人均用水量的比值高达 0.5，上海的比值高达 0.35，城市化率分别为 86.5% 和 87.6%，城市的用水压力较大，城市化对水承载系统的危险性也较高。城市化危险性最低的地区主要集中在经济、城市化水平落后地区，如新疆、西藏等地区，城镇生活用水定额占人均用水量的比重低，且城市化率也低，城市用水压力相对较低，城市化对水资源承载系统的危险性也低。

　　全国各省级行政区城市化危险性指数见表 3-7。

表 3-7　　　　　　　　　全国各省级行政区城市化危险性指数

省级行政区	城市化危险性指数	省级行政区	城市化危险性指数
北京	4.000	辽宁	3.000
天津	3.000	吉林	1.000
河北	2.000	黑龙江	1.000
山西	2.000	上海	4.000
内蒙古	1.000	江苏	1.000

省级行政区	城市化危险性指数	省级行政区	城市化危险性指数
浙江	4.000	重庆	4.000
安徽	2.000	四川	2.000
福建	2.000	贵州	2.000
江西	2.000	云南	2.000
山东	2.000	西藏	1.000
河南	2.000	陕西	2.000
湖北	3.000	甘肃	1.000
湖南	2.000	青海	2.000
广东	3.000	宁夏	1.000
广西	2.000	新疆	1.000
海南	2.000		

注 本表不含台湾省、香港特别行政区和澳门特别行政区数据。

3.2.3 产业结构变化危险性指数

根据 2.2.2 节中计算方法，得到全国各省级行政区工业、农业发展对水资源承载系统的危险性指数，见表 3-8。

表 3-8 全国各省级行政区工业、农业发展危险性指数

省级行政区	工业化危险性指数	农业发展危险性指数	省级行政区	工业化危险性指数	农业发展危险性指数
北京	1.000	1.000	湖北	1.850	2.200
天津	1.850	1.350	湖南	1.150	2.200
河北	1.150	2.550	广东	1.850	1.550
山西	2.150	2.350	广西	2.150	2.550
内蒙古	1.850	3.000	海南	1.450	2.150
辽宁	1.850	2.350	重庆	1.000	2.000
吉林	1.850	3.450	四川	2.000	2.200
黑龙江	1.300	4.000	贵州	2.300	2.000
上海	1.850	1.000	云南	2.300	2.000
江苏	3.550	2.550	西藏	2.300	2.500
浙江	1.850	1.350	陕西	2.000	2.350
安徽	3.700	2.200	甘肃	1.450	2.900
福建	1.000	1.350	青海	2.000	1.700
江西	2.850	2.550	宁夏	2.150	2.500
山东	1.850	2.550	新疆	2.300	3.100
河南	2.000	2.400			

注 本表不含台湾省、香港特别行政区和澳门特别行政区数据。

　　将工业化危险性指数与农业发展危险性指数通过加权计算得到产业结构危险性指数。产业结构变化对水资源承载系统危险性较大的地区为吉林、黑龙江、内蒙古等地区，上述地区是我国未来粮食增产的主要地区，根据未来我国粮食增产 1 千亿斤的发展规划，其中黑龙江将占 17.7％，吉林占 10％。在耕地面积有限的情况下，只能提高农业单产，而农业单产的提高也主要是通过扩大灌溉面积来实现，我国东北地区具有丰富的水土资源，具有扩大灌溉面积的条件。当前该地区的农业用水占总用水量的比例及人均粮食产量都比较高，农业用水对整个水资源系统产生的压力比较大，构成了较严重的危险性。

　　产业结构变化对水资源承载系统的危险性主要来源于农业发展，这是因为农业灌溉用水是用水大户，占用水总量的比例较高，对水资源承载系统带来比较大的压力，但农业用水比例并不是唯一决定产业结构对水资源承载系统的因素，还与粮食的种植面积有关。如在新疆、西藏、甘肃等地，虽然农业用水比例占当地用水总量比例较高，但这些地区并不是我国未来粮食的主产区，农业灌溉面积不会大幅增加，所以对水资源承载系统不会构成较大危险。产业结构变化对水资源承载系统危险性较小的地区有上海、北京，主要是因为这两个地区的第一产业比重很小，农业用水比例很低，仅占总用水量的 18.5％ 和 17％，且人均粮食产量也很低，分别仅为 46.4kg/人 和 28.8kg/人，远低于全国人均粮食产量 452kg/人 的水平，用水主要以生活为主，产业发展不会对水资源系统构成危险。

　　全国各省级行政区产业结构变化危险性指数见表 3-9。

表 3-9　　　　　　　　　　　全国各省级行政区产业结构变化危险性指数

省级行政区	产业结构变化危险性指数	省级行政区	产业结构变化危险性指数
北京	1.000	湖北	2.113
天津	1.475	湖南	1.938
河北	2.200	广东	1.625
山西	2.300	广西	2.450
内蒙古	3.050	海南	1.638
辽宁	2.225	重庆	1.750
吉林	3.050	四川	2.150
黑龙江	3.325	贵州	2.075
上海	1.213	云南	2.338
江苏	2.538	西藏	2.450
浙江	1.475	陕西	2.263
安徽	2.575	甘肃	2.275
福建	1.263	青海	1.775
江西	2.625	宁夏	2.413
山东	2.375	新疆	2.900
河南	2.638		

注　本表不含台湾省、香港特别行政区和澳门特别行政区数据。

3.2.4　危险性综合指数

将上述气候变化、城市化、产业结构等危险性指数进行空间叠加（因政策对水资源承载风险较为复杂，难以定量化表达，暂未考虑政策的危险性），通过加权计算得到水资源承载系统的危险性综合指数，见图 3-3。

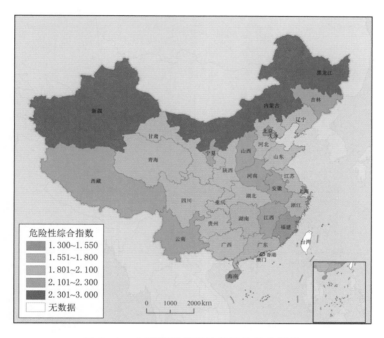

图 3-3　水资源承载系统危险性综合指数

从空间分布上，水资源承载系统危险性综合指数总体上具有北方地区高于南方地区、西北地区高于东南地区的空间格局。东北地区的危险性综合指数也较高，危险性综合指数最低的地区为东南地区。

危险性综合指数最高的省级行政区为新疆，危险性综合指数高达 2.724；其次为东北地区的黑龙江，危险性综合指数达到 2.477；危险性综合指数最低的为福建省。造成地区危险性综合指数较高的原因包括两方面：一方面是气候变化带来的降水量减少，使得可利用水资源量减少；另一方面是经济社会发展带来的需用水量增加。气候变化、城市化、产业结构都对水资源承载系统超载构成了危险，但贡献最大的为产业结构，这主要是由于产业结构中的农业发展对水资源系统的压力比较大，在一个地区农业用水占地区总用水量的比重往往是最大的，而农业用水中以灌溉用水为主，农业灌溉用水的增加会带来用水量的显著增加，因此，在上述粮食增产可能性比较高的地区，水资源承载系统的危险性综合指数比较高。

全国各省级行政区危险性综合指数见表 3-10。

表 3-10　　　　　　　　　　　全国各省级行政区危险性综合指数

省级行政区	危险性综合指数	省级行政区	危险性综合指数
北京	1.529	湖北	1.948
天津	1.620	湖南	1.802
河北	1.982	广东	1.711
山西	2.117	广西	2.071
内蒙古	2.459	海南	1.406
辽宁	2.046	重庆	1.898
吉林	2.240	四川	1.910
黑龙江	2.477	贵州	1.861
上海	1.532	云南	2.228
江苏	1.980	西藏	2.166
浙江	1.695	陕西	2.001
安徽	2.153	甘肃	2.023
福建	1.343	青海	1.913
江西	2.206	宁夏	2.110
山东	2.014	新疆	2.724
河南	2.173		

注　本表不含台湾省、香港特别行政区和澳门特别行政区数据。

3.3　风险指数

将脆弱性指数与各项危险性指数相乘得到全国各地区水资源承载系统风险指数，包括气候变化、城市化、产业结构（主要以工业化、农业发展为主）、政策对水资源承载系统的风险。

3.3.1　气候变化对水资源承载系统的风险

气候变化导致地区极端气候的出现，使得极端降水与蒸发量出现频次也增加，给地区的水资源承载系统带来了风险。此外，在水资源脆弱性高的地区，受气候变化的影响较敏感，因此，水资源系统的脆弱性和气候变化危险性共同构成气候变化对水资源承载系统的风险。从区域上分析，北方地区高于南方地区，西北地区高于东部地区，气候变化风险最高的地区为西北地区，其次是京津冀地区。从省级行政区上分析，气候变化风险最高的为新疆，风险指数达到 1.264；其次为北京，为 1.137。京津冀周边地区，如山西、河北等地的风险较高。这是因为上述省级行政区水资源短缺，人类经济社会活动对水资源的需求量大，使得脆性指数较高。同时，这些地区受气候变化影响发生中等以上水分亏缺的频率比较高，气候变化使得水资源承载系统风险高。可通过跨区域调水增加水资源供给及人口疏散降低对水资源需求来缓解风险。

在此基础上，进一步分析气候变化对水资源承载系统风险的原因。风险最高的为新疆，主要来自危险性方面，降水稀少，蒸发量大，发生水分亏缺的频率高。其次是北京、山西、河北等，主要是由于脆弱性指数较高。此外，云南气候变化风险也相对较高，主要也是由危险性造成。海南、吉林、湖北、浙江等地，脆弱性、危险性指数都较低，因此这些地区的气候变化风险较低。气候变化对水资源承载系统的风险评价结果见表 3 - 11。

表 3 - 11 气候变化对水资源承载系统的风险评价结果

序号	省级行政区	脆弱性指数	危险性指数	气候变化风险指数
1	新疆	1.468	3.445	1.264
2	北京	3.261	1.394	1.137
3	山西	2.557	1.610	1.029
4	河北	3.086	1.259	0.971
5	天津	3.299	1.056	0.871
6	宁夏	1.708	1.960	0.837
7	青海	1.422	2.299	0.817
8	甘肃	1.621	1.971	0.799
9	云南	1.511	2.043	0.772
10	西藏	1.315	2.115	0.696
11	内蒙古	1.578	1.632	0.644
12	山东	2.508	0.850	0.533
13	陕西	1.769	1.150	0.509
14	辽宁	2.592	0.747	0.484
15	河南	2.382	0.795	0.474
16	江苏	1.998	0.901	0.450
17	湖南	1.458	1.211	0.441
18	福建	1.505	1.113	0.419
19	广东	1.623	1.024	0.416
20	贵州	1.441	1.059	0.381
21	四川	1.416	1.062	0.376
22	江西	1.430	0.998	0.357
23	安徽	1.584	0.897	0.355
24	上海	1.874	0.720	0.337
25	重庆	1.608	0.800	0.322
26	黑龙江	1.536	0.828	0.318
27	广西	1.400	0.891	0.312
28	浙江	1.587	0.680	0.270
29	湖北	1.510	0.624	0.235
30	吉林	1.700	0.537	0.228
31	海南	1.429	0.208	0.074

注 本表不含台湾省、香港特别行政区和澳门特别行政区数据。

3.3.2 城市化对水资源承载系统的风险

城市化对水资源承载系统的风险最高的为京津冀地区、其次为长江中下游、珠江三角洲及成渝地区。上述地区目前城市化水平较高，城市生活用水占人均年用水量的比例较高，城市化发展给水资源系统（承载体）造成的压力比较大。同时，这些地区也是我国未来城市群规划发展的重点地区。从区域上分析，东部地区城市化对水资源承载系统的风险高于西北地区，经济发达地区的风险高于经济欠发达地区。从省级行政区上分析，北京的城市化对水资源承载系统的风险最高，达到 3.261，其次为天津，达到 2.474。上海的城市化对水资源承载系统风险也比较高，达到 1.874，重庆为 1.608，浙江为 1.587。城市化对水资源承载系统风险最低的为西藏，仅为 0.329，其次是新疆。

从城市化水资源承载系统风险构成方面分析，北京和天津是因为水资源短缺、人口相对密集，经济社会发展对水资源需求大，脆弱性和危险性同时高，从而造成水资源承载系统风险高。上海、重庆、浙江等地，主要是因城市化率相对较高造成。西藏、新疆、黑龙江、内蒙古、甘肃等地脆弱性较低，且城市化水平也比较低，城市生活用水占地区的总用水量比例较小，城市化发展并未给地区的水资源承载带来明显的压力，因此城市化对水资源承载系统的风险比较低。

因当地水资源短缺、人口相对密集，使得脆弱性和危险性都高，从而造成风险高的北京、天津、河北等地，可通过增加水资源供给降低风险。因城市化率相对较高而造成风险高的上海、重庆、浙江等地，可通过人口疏散降低风险。

城市化对水资源承载系统风险评价结果见表 3-12。

表 3-12　　　　　　　城市化对水资源承载系统风险评价结果

序号	省级行政区	脆弱性指数	危险性指数	城市化风险指数
1	北京	3.261	4.000	3.261
2	天津	3.299	3.000	2.474
3	辽宁	2.592	3.000	1.944
4	上海	1.874	4.000	1.874
5	重庆	1.608	4.000	1.608
6	浙江	1.587	4.000	1.587
7	河北	3.086	2.000	1.543
8	山西	2.557	2.000	1.278
9	山东	2.508	2.000	1.254
10	广东	1.623	3.000	1.218
11	河南	2.382	2.000	1.191
12	湖北	1.510	3.000	1.132
13	陕西	1.769	2.000	0.885
14	安徽	1.584	2.000	0.792
15	云南	1.511	2.000	0.756

续表

序号	省级行政区	脆弱性指数	危险性指数	城市化风险指数
16	福建	1.505	2.000	0.753
17	湖南	1.458	2.000	0.729
18	贵州	1.441	2.000	0.720
19	江西	1.430	2.000	0.715
20	海南	1.429	2.000	0.714
21	青海	1.422	2.000	0.711
22	四川	1.416	2.000	0.708
23	广西	1.400	2.000	0.700
24	江苏	1.998	1.000	0.500
25	宁夏	1.708	1.000	0.427
26	吉林	1.700	1.000	0.425
27	甘肃	1.621	1.000	0.405
28	内蒙古	1.578	1.000	0.394
29	黑龙江	1.536	1.000	0.384
30	新疆	1.468	1.000	0.367
31	西藏	1.315	1.000	0.329

注 本表不含台湾省、香港特别行政区和澳门特别行政区数据。

3.3.3 产业结构变化对水资源承载系统的风险

产业结构变化对水资源承载系统的风险主要来自工业化与农业发展。工业化进程加快，带来了工业需水量的增大，污水排放量的增加，给地区的水资源承载系统带来了风险。因此，工业化的风险主要考虑高耗水、高污染的工业布局及其规划发展。农业灌溉的增加，对水资源使用量增加，导致地区水资源承载系统的压力增大。因此，农业发展的风险主要以农业需水为主。

工业化水承载风险最高的地区主要集中在中东部的海河流域和淮河流域。这些地区是目前我国工业基础较好的地区，工业经济增长速度较快，工业化用水需求较大。从省级行政区分析，江苏的工业化风险指数最高，达到1.773，主要由于其处于工业化中期向工业化后期过渡阶段，工业化发展速度较快，工业用水增长趋势较明显，对水资源承载系统的风险比较高。然后是安徽和天津，工业化风险指数分别达到1.466和1.526。工业化风险指数最低的为福建，工业化进程已进入后期，工业用水在2011年出现下降趋势，且水资源系统的脆弱性也比较低。然后工业化风险指数较低的为重庆和湖南。因工业化迅速发展，需水增长快而带来的水资源承载系统风险高的地区如江苏、安徽等地，可通过工业技术改进，提高工业水重复利用率降低风险。因水资源短缺，脆弱性高造成风险高的山西、辽宁、河南、山东等地，可通过跨区域调水增加水资源供给来降低风险。

从工业化对水资源承载系统风险构成方面分析，江苏、安徽的工业化风险主要是由危险性造成，即工业化处于快速发展阶段，且工业需水增长较快，对水资源承载系统构成了风险。天津的工业化危险指数虽然不高，但因人均水资源量短缺，水质相对较差，脆弱性较高，因此风险较高。山西、辽宁、河南、山东等地，主要来自脆弱性高。福建、重庆、湖南、黑龙江、海南等地，工业化进程及工业用水增长趋势都比较低，脆弱性指数也不高，因此风险比较低。工业化对水资源承载系统风险评价结果，见表 3-13。

表 3-13 工业化对水资源承载系统风险评价结果

序号	省级行政区	脆弱性指数	危险性指数	工业化风险指数
1	江苏	1.998	3.55	1.773
2	天津	3.299	1.85	1.526
3	安徽	1.584	3.70	1.466
4	山西	2.557	2.15	1.374
5	辽宁	2.592	1.85	1.199
6	河南	2.382	2.00	1.191
7	山东	2.508	1.85	1.160
8	江西	1.430	2.85	1.019
9	宁夏	1.708	2.15	0.918
10	河北	3.086	1.15	0.887
11	陕西	1.769	2.00	0.885
12	云南	1.511	2.30	0.869
13	上海	1.874	1.85	0.867
14	新疆	1.468	2.30	0.844
15	贵州	1.441	2.30	0.828
16	北京	3.261	1.00	0.815
17	吉林	1.700	1.85	0.786
18	西藏	1.315	2.30	0.756
19	广西	1.400	2.15	0.753
20	广东	1.623	1.85	0.751
21	浙江	1.587	1.85	0.734
22	内蒙古	1.578	1.85	0.730
23	青海	1.422	2.00	0.711
24	四川	1.416	2.00	0.708
25	湖北	1.510	1.85	0.698
26	甘肃	1.621	1.45	0.588
27	海南	1.429	1.45	0.518
28	黑龙江	1.536	1.30	0.499
29	湖南	1.458	1.15	0.419
30	重庆	1.608	1.00	0.402
31	福建	1.505	1.00	0.376

注 本表不含台湾省、香港特别行政区和澳门特别行政区数据。

　　农业发展对水承载风险最高的区域主要集中在京津冀及东北地区。从整体上分析，北方地区农业发展对水承载的风险高于南方地区，粮食主产区的高于非主产区。从省级行政区分析，虽然河北省的农业发展对水资源承载系统的危险性不是最高，但水资源系统的脆弱性很高，致使河北省的农业发展风险指数最高，达到 1.967；其次是河南、山东、黑龙江，农业发展风险指数达到 1.697、1.599 和 1.536。农业发展风险指数最低的为上海，风险指数为 0.469；其次为福建，风险指数为 0.508。这些地区的水资源非常丰富，而耕地资源却有限，农业用水占总用水量的比例比较低，农业灌溉用水需求较小。因水资源短缺、产业结构以农业为主，脆弱性和危险性都相对较高而造成的水资源承载系统风险高的河北、河南、山东等地，应增加水资源供给、提高农业用水效率降低风险。因农业灌溉用水量大造成风险高的黑龙江、吉林、内蒙古、新疆等地，应提高农业用水效率，减少农业用水量来降低风险。

　　从农业发展对水资源承载系统风险构成方面分析，河北、河南、山东农业发展风险指数高是因脆弱性和危险性共同造成。黑龙江、吉林、内蒙古、新疆是因农业灌溉用水量大造成。上海、福建、浙江、青海、海南等地水资源承载系统的脆弱性、危险性相对都较低，因此农业发展风险指数比较低。农业发展对水资源承载系统风险评价结果，见表3-14。

表 3-14　　　　　　　　　农业发展对水资源承载系统风险评价结果

序号	省级行政区	脆弱性指数	危险性指数	农业发展风险指数
1	河北	3.086	2.550	1.967
2	河南	2.382	2.850	1.697
3	山东	2.508	2.550	1.599
4	黑龙江	1.536	4.000	1.536
5	辽宁	2.592	2.350	1.523
6	山西	2.557	2.350	1.502
7	吉林	1.700	3.450	1.466
8	内蒙古	1.578	3.450	1.361
9	新疆	1.468	3.100	1.138
10	天津	3.299	1.350	1.113
11	江苏	1.998	2.200	1.099
12	宁夏	1.708	2.500	1.068
13	陕西	1.769	2.350	1.039
14	甘肃	1.621	2.550	1.033
15	江西	1.430	2.550	0.912
16	广西	1.400	2.550	0.893
17	云南	1.511	2.350	0.888
18	安徽	1.584	2.200	0.871

序号	省级行政区	脆弱性指数	危险性指数	农业发展风险指数
19	湖北	1.510	2.200	0.830
20	西藏	1.315	2.500	0.822
21	北京	3.261	1.000	0.815
22	重庆	1.608	2.000	0.804
23	湖南	1.458	2.200	0.802
24	四川	1.416	2.200	0.779
25	贵州	1.441	2.000	0.720
26	广东	1.623	1.550	0.629
27	海南	1.429	1.700	0.607
28	青海	1.422	1.700	0.605
29	浙江	1.587	1.350	0.536
30	福建	1.505	1.350	0.508
31	上海	1.874	1.000	0.469

注　本表不含台湾省、香港特别行政区和澳门特别行政区数据。

3.3.4　水资源承载系统综合风险

　　水资源承载系统综合风险既与其自身的脆弱性有关，也受到所处环境的危险性影响，如来自气候变化、城市化、产业发展所构成的威胁，脆弱性与危险性共同构成并导致承载系统的风险，全国水资源承载系统综合风险见图 3-4 和表 3-15。

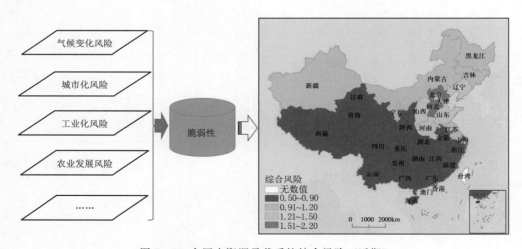

图 3-4　全国水资源承载系统综合风险（近期）

表 3 - 15 全国水资源承载系统综合风险

省级行政区	气候变化风险	城市化风险	工业化风险	农业发展风险	综合风险
北京	高	高	中	中	较高
天津	较高	高	高	中	较高
河北	较高	较高	中	高	高
山西	较高	较高	较高	高	较高
内蒙古	中	低	中	较高	中
辽宁	中	高	较高	高	较高
吉林	低	低	中	高	中
黑龙江	低	低	低	高	中
上海	低	高	中	低	低
江苏	中	低	高	中	中
浙江	低	较高	中	低	低
安徽	低	中	较高	中	低
福建	中	中	低	低	低
江西	低	中	较高	中	低
山东	中	较高	较高	高	较高
河南	中	较高	较高	高	较高
湖北	低	较高	低	中	低
湖南	中	中	低	中	低
广东	中	较高	中	低	低
广西	低	中	中	中	低
海南	低	中	低	低	低
重庆	低	较高	低	中	低
四川	低	中	中	低	低
贵州	低	中	中	低	低
云南	较高	低	中	低	低
西藏	中	低	中	中	低
陕西	中	较高	中	中	低
甘肃	较高	低	低	中	低
青海	较高	中	中	低	低
宁夏	较高	低	中	中	中
新疆	高	低	中	中	中

注 本表不含台湾省、香港特别行政区和澳门特别行政区数据。

　　从空间分布来分析，北方地区的综合风险明显高于南方地区，主要因北方地区的水资源较南方地区稀少、蒸发量大，需要灌溉的面积较南方多，水资源供需矛盾突出。同时，水资源承载力的综合风险也与经济社会发展对水资源需求有关，经济相对较发达地区的综合风险指数高于经济落后地区，例如同属北方缺水地区，京津冀地区的综合风险指数高于西北地区，这是因为经济发达地区的社会经济用水需求量大，排放的污废水也相对较多，造成对水环境的污染也相对严重，水资源承载系统的脆弱性高，发生超载的风险增大。此外，水资源承载风险与行业用水量及比例有关，农业用水量越多，所占比重越高，受气候变化影响越大，遇到极端干旱年份，发生水资源超载的风险越大，如西北地区的新疆、内蒙古和东北地区的吉林、辽宁等地。海南省的水资源承载风险最低，水资源丰富，社会经济发展对水资源的需求压力较小，各方面都未出现中等以上风险。综合风险从空间上展现了未来水资源承载系统发生超载的可能性，在高风险区可通过减小水资源需求强度，跨区域调水增加供给来降低水资源承载系统的脆弱性，同时减少人类经济社会活动对水资源承载系统的危险性，降低水资源承载风险，实现水资源与经济社会的协调发展。

根据气候变化、城市化、产业结构的发展趋势，对中期（2031—2040 年）和远期（2041—2050 年）的水资源承载风险进行评估。随着时间变化，京津冀周边水资源承载力的高、中风险范围在逐步扩大，主要是所处地区水资源相对短缺、水污染严重造成水资源脆弱性较高。此外这些地区的城市化、工业发展速度较快，未来城市化、产业结构变化将给水资源带来较大的压力。中期、远期山西、河南、山东等地的风险指数由近期较高风险转变为远期高风险。黑龙江、吉林及内蒙古等地耕地面积广阔，当节水发展到一定程度，粮食增产目标的实现可能会使得灌溉需水量增加。因此远期东北地区、内蒙古等地的水资源承载风险有增加的可能性。

3.3.5 其他因素对水资源承载系统的风险

水资源承载风险影响因素比较多，除了气候变化、城市化、产业结构变化带来水资源承载风险外，还可能有来自政策方面的、人类开发水能活动等方面的风险。这里重点讨论政策变化和水电开发对水资源承载系统的风险。

3.3.5.1 政策变化对水资源承载系统的风险

当前水资源承载系统脆弱性越高的地区，未来用水量增加即使不大的情况下，也可能会带来水承载系统发生超载的危险性。因此，政策对水资源承载系统的危险性可以现状水资源承载系统的脆弱性为基础，分析未来在政策影响下用水相对于现状用水增加的可能性。现状的脆弱性越高，未来用水量增加的越多，政策对水资源承载系统的风险也越大。

政策对水资源承载系统的风险，需综合考虑经济社会发展规划、水利发展规划、农业灌溉发展规划、城市发展规划等，全面分析政策对用水需求的规划与配置，进而确定未来受政策的影响使水资源承载系统发生超载的可能性。政策对水资源承载系统的风险，既有社会经济系统方面的，也有水资源（水量、水质、水域、水流）系统方面的，很难准确对其定量计算。因此，目前对于政策因素的水资源承载风险暂未给出评估结果。未来规划水平年国家政策关于"三条红线"中用水总量相对于现状年增加的比例，见表 3-16。

3.3.5.2 水电开发对水资源承载系统风险

水电开发导致河流流速降低甚至断流，影响水生生物生存环境，致使生物多样性减少，水生态环境退化，使得水资源承载风险增加。根据全国水力资源分布（见表 3-17），我国水力资源主要分布于西南地区，同时这些地区也是未来我国水电开发的主要区域。根据全国水力资源的理论蕴藏量、技术可开发量、经济可开发量,可知各地区剩余水电资源量。剩余的水电资源量越多,未来进行水电开发的可能性越大,由此造成对水资源承载系统破坏的危险性越高。全国水电开发危险性指数见表 3-18。

表 3-16   "三条红线"用水总量控制指标增加比例   %

省级行政区	2020 年用水指标增加比例	2030 年用水指标增加比例	省级行政区	2020 年用水指标增加比例	2030 年用水指标增加比例
北京	16.5	28.9	湖北	16.0	16.9
天津	38.2	53.5	湖南	4.6	4.6
河北	1.5	12.9	广东	-0.3	-1.6
山西	21.7	29.6	广西	1.6	3.3
内蒙古	6.3	18.7	海南	1.8	13.4
辽宁	1.6	4.2	重庆	3.3	12.2
吉林	16.9	26.0	四川	17.8	24.3
黑龙江	0.1	4.8	贵州	14.5	22.1
上海	6.0	9.4	云南	16.1	22.7
江苏	3.2	3.9	西藏	3.1	11.1
浙江	6.5	11.0	陕西	10.7	23.0
安徽	-1.0	1.2	甘肃	-8.5	0.7
福建	3.7	8.4	青海	2.6	28.5
江西	4.0	5.9	宁夏	0.4	20.5
山东	10.4	20.4	新疆	0.1	2.2
河南	8.5	16.5			

注   1. "-"号表示未来用水量指标相对于现状指标减少。

2. 本表不含台湾省、香港特别行政区和澳门特别行政区数据。

表 3-17   全国水力资源复查成果

流 域	理论蕴藏量		技术可开发量			经济可开发量		
	年可发电量/(亿 kW·h)	平均功率/MW	电站数/座	装机容量/MW	年可发电量/(亿 kW·h)	电站数/座	装机容量/MW	年可发电量/(亿 kW·h)
长江流域	24336.0	277808.0	5748	256272.9	11879.0	4968	228318.7	10498.3
黄河流域	3794.1	43312.1	535	37342.5	1361.0	482	31647.8	1111.4
珠江流域	2823.9	32236.7	1757	31288.0	1353.8	1538	30021.0	1297.7
海河流域	247.9	2830.3	295	2029.0	47.6	210	1510.0	35.0
淮河流域	98.0	1118.5	185	656.0	18.6	135	556.5	15.9
东北诸河	1454.9	16607.4	644+26/2	16820.8	465.2	510+26/2	15729.1	433.8
东南沿海诸河	1776.1	20275.3	2558+1/2	19074.9	593.4	2532+1/2	18648.3	581.4
西南国际诸河	8630.1	98516.8	609+1/2	75014.8	3731.8	532	55594.4	2684.4

流　域	理　论　蕴　藏　量		技　术　可　开　发　量			经　济　可　开　发　量		
	年可发电量/ （亿 kW·h）	平均功率 /MW	电站数/座	装机容量 /MW	年可发电量/ （亿 kW·h）	电站数/座	装机容量 /MW	年可发电量/ （亿 kW·h）
雅鲁藏布江及 西藏其他河流	14034.8	160214.8	243	84663.6	4483.1	130	2595.5	119.7
北方内陆及 新疆诸河	3633.6	41479.1	712	18471.6	805.9	616	17174.0	756.4
合计	60829.4	694399.0	13286+28/2	541634.6	24739.4	11653+27/2	401795.3	17534.0

数据来源　李菊根，史立山．我国水力资源概况．水力发电，2006，32（1）：3—7。

表 3-18　　　**水电开发对水资源承载系统风险评价结果（水电开发危险性指数）**

省级行政区	水电开发危险性指数	省级行政区	水电开发危险性指数
北京	0.001	湖北	0.067
天津	0.000	湖南	0.032
河北	0.008	广东	0.024
山西	0.022	广西	0.006
内蒙古	0.026	海南	0.002
辽宁	0.002	重庆	0.095
吉林	0.004	四川	0.434
黑龙江	0.032	贵州	0.032
上海	0.000	云南	0.269
江苏	0.007	西藏	1.000
浙江	0.016	陕西	0.055
安徽	0.010	甘肃	0.051
福建	0.032	青海	0.043
江西	0.016	宁夏	0.008
山东	0.005	新疆	0.182
河南	0.012		

注　本表不含台湾省、香港特别行政区和澳门特别行政区数据。

　　由表 3-18 可知，水电开发危险性西部地区高于东部地区，高原地区高于平原地区，以西南地区最高。从省级行政区上分析，西藏的危险性最高，其次为四川、云南等。北京、天津、上海等地水电开发危险性最低。在水资源承载系统脆弱性基础上，通过叠加水电开发危险性指数，得到全国水电开发的水资源承载风险指数。

　　水电开发水资源承载风险空间布局上具有西南地区风险最高，东部地区风险最低。水电开发对水资源承载风险主要源自未来开发水电的可能性，即危险性的大小，未来水电开发的可能性越高风险也越大。风险最高的为西藏，达到 1.315；其次为四川和云南，分别为 0.614 和 0.407。全国水电开发水资源承载风险，见表 3-19。

表 3－19 **水电开发对水资源承载系统风险评价结果（水电开发风险指数）**

省级行政区	水电开发风险指数	省级行政区	水电开发风险指数
北京	0.004	湖北	0.102
天津	0.000	湖南	0.047
河北	0.023	广东	0.039
山西	0.056	广西	0.008
内蒙古	0.041	海南	0.003
辽宁	0.005	重庆	0.153
吉林	0.007	四川	0.614
黑龙江	0.050	贵州	0.045
上海	0.000	云南	0.407
江苏	0.014	西藏	1.315
浙江	0.026	陕西	0.098
安徽	0.016	甘肃	0.083
福建	0.049	青海	0.060
江西	0.024	宁夏	0.013
山东	0.013	新疆	0.268
河南	0.027		

注 本表不含台湾省、香港特别行政区和澳门特别行政区数据。

第 4 章

区域水资源承载风险监测
预警技术

　　《中共中央关于全面深化改革若干重大问题的决定》提出了建立资源环境承载力监测预警机制的要求，对水土资源、环境容量和海洋资源超载区实行限制性措施。本章在前面水资源承载风险概念解析、因子识别和风险评估的基础上，提出了区域水资源承载风险的监测预警技术。本章研究内容主要包括 3 个方面：①构建了区域水资源承载风险监测预警框架体系；②以省级行政区为基本单元提出我国水资源承载风险多层次预警技术；③从强载和卸荷两方面系统总结当前水资源承载风险的管控措施。

4.1　水资源承载风险监测预警理论与方法

4.1.1　水资源承载风险监测预警的理论模型

　　水资源承载风险是最近才被提出的科学概念，因此目前国内还缺乏水资源承载风险监测预警的系统性理论。然而，在国家建立资源环境承载力监测预警机制的推动下，近几年学术界在资源环境承载力监测预警方面的研究已经取得了长足的进步，这为研究水资源承载风险监测预警提供了现实可参照的理论基础。

　　资源环境承载力监测预警的理论基础是可持续发展的增长极限理论（樊杰等，2017）。所谓"极限"可以认为是资源环境承载力的超载阈值。对于水资源承载力而言，近年来随着我国水事活动的范围扩大和程度增加，水资源总量、水环境容量和水生态空间的约束作用逐渐显现，并引发了水资源短缺、水环境污染和水生态退化等一系列问题，水资源承载力的"极限"已经从传统的水量扩展到水质、水流和水域 4 个维度（王建华等，2017）。在此背景下，参照经典的资源环境承载力 S 曲线，水资源承载力监测预警的内涵如图 4-1 所示，预警的关键就是要识别水量、水质、水流和水域临界超载、超载和不可逆 3 个关键状态的阈值。

　　水资源承载风险是指在各种不确定情景下，未来发生水资源超载事件的概率。这里的不确定性主要是指致险因子的不确定性。所谓致险因子是指可能导致水资源承载系统发生变化的要素，包括水循环要素变化驱动因子和用水方式变化驱动因子，具体主要体现在气候变化、人口增长与城镇化、经济发展与产业结构 3 个方面。因此，水资源承载风险监测预警的关键是识别气候变化、城镇化和产业结构等致险因子引发水资源承载系统中风险、较高风险和高风险的阈值。图 4-2 给出了水资源承载风险监测预警的内涵解析图。

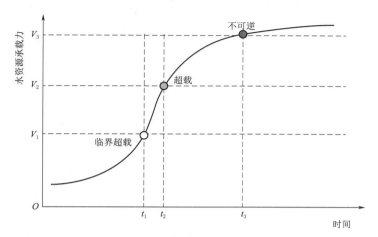

图 4-1　水资源承载力监测预警内涵解析图（樊杰等，2017）

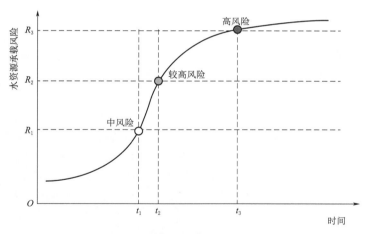

图 4-2　水资源承载风险监测预警的内涵解析图

在此基础上，根据第 2 章水资源承载风险因子识别与第 3 章水资源承载风险评估方法，这里提出了水资源承载风险监测预警的理论模型：

$$\begin{cases} R = f(X, Y) \\ Z = F(R, t) \end{cases} \quad (4-1)$$

式中：R 为水资源的承载风险；X 为水资源承载系统的脆弱性；Y 为致险因子的危险性；$f(\cdot)$ 为 X 与 Y 两者匹配关系的函数，这里采用两者乘积关系；Z 为预警程度；$F(\cdot)$ 为 R 随时间 t 变化的函数。根据 f 曲线的拐点（中风险、较高风险和高风险），可

将 R 划分为低风险、中风险、较高风险和高风险 4 种类型；根据 R 随时间 t 的变化趋势，可将 Z 划分为无警、轻警、中警和重警 4 种类型。

X 表示水资源承载系统的脆弱性，是对水量、水质、水域和水流 4 个因子的综合表达，各个因子又可进一步细化，共同构成水资源承载系统的承载体。单项因子及组合状态决定了 R 的取值，公式为

$$R = f\left[C\left(x_1, x_2, x_3, x_4\right), Y\right] \qquad (4-2)$$

式中：x_1、x_2、x_3、x_4 分别为水量、水质、水域、水流 4 个因子；$C(\cdot)$ 为不同因子的组合函数。

Y 是对致险因子危险性的表征，具体到水资源承载风险可以概括为气候变化、城市化和产业结构（主要是工农业发展水平）3 个因子，各个因子又可进一步细化，共同构成水资源承载系统的危险性，则 R 又可表达为

$$R = f\left[X, U\left(y_1, y_2, y_3, y_4\right)\right] \qquad (4-3)$$

式中：y_1、y_2、y_3、y_4 分别为气候变化、城镇化、工业发展水平、农业发展水平 4 个因子；U 为不同因子的并集。水资源承载风险的监测预警就是要给出该理论模型中 4 个致灾因子不同预警程度的阈值。

4.1.2   水资源承载风险监测预警的警报准则

预警准则是指一套判别标准或原则，用来决定在不同的情况下是否应当发出警报及发出何种程度的警报。常用的警报准则设计方式有指标预警和因素预警两种。这里采用指标预警法来进行警报准则设计。

指标预警是指根据预警指标数值大小的波动来发出不同程度的警报。根据水资源承载风险监测预警的理论模型，这里的预警指标包括气候变化、城镇化、农业发展水平和工业发展水平 4 个因子，参照 3.2 节危险性指数的计算方法，上述 4 个因子具体化为气候变化危险性指数、城市化危险性指数、农业发展危险性指数和工业发展危险性指数。设要进行预警的指标为 y，该指标引发中风险、较高风险和高风险的临界阈值分别为 y_a、y_b 和 y_c，则水资源承载风险为低风险时该指标的取值区间为 $[0, y_a)$，中风险该指标的取值区间为 $[y_a, y_b)$，较高风险该指标的取值区间为 $[y_b, y_c)$，高风险该指标的取值区间为 $[y_c, \infty)$。基于此，水资源承载风险监测预警的警报准则设计如图 4-3 所示。

当 $0 \leqslant y < y_a$ 时，不发出警报；当 $y_a \leqslant y < y_b$ 时，发出轻度警报；当 $y_b \leqslant y < y_c$ 时，发出中度警报；当 $y \geqslant y_c$ 时，发出重度警报。

4.1.3   水资源承载风险监测预警的体系框架

水资源承载风险监测预警的根本目的是通过对水资源承载系统各种指标因子的监测，识别预警指标的数值，并根据水资源承载风险，及时发出从单类因子预警到区域水资源承载风险预警的警报信息，为水行政主管部门水资源管理提供决策依据，使水资源承载系统得到科学调控，降低水资源承载风险，将经济社会发展的水资源压力控制在水资源系统可承载的范围之内。基于此，一个完整的水资源承载风险监测预警体系框架应该包含监测

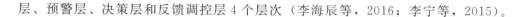

层、预警层、决策层和反馈调控层 4 个层次（李海辰等，2016；李宁等，2015）。

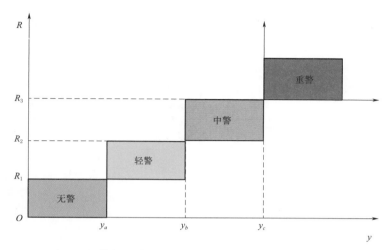

图 4-3　警报设计准则示意图（丁菊莺和宋秋波，2019）

　　监测层的核心任务是发展全面、准确、实时的水资源承载信息获取与处理技术，主要包括信息监测、数据复核和数据库构建 3 个方面。基于构建的水资源承载风险评价指标体系，监测要素包括水资源承载系统的脆弱性指标和危险性指标。脆弱性指标具体包括人均水资源量、水体水质状况、水资源开发利用率、水域面积率、库径比指数、产水模数、人口密度、城市化率、建设用地比重、人均 GDP 和三产比重。危险性指标具体包括标准降雨蒸散发指数（SPEI）、城市生活用水量、人均粮食产量、农业用水比例和农业缺水率等。上述信息获取的主要途径是国家各部委发布的统计年鉴与公报数据，采用这些资料，一方面是由于该类资料权威可信、口径一致、序列完整，能够在很大程度上保证水资源承载风险监测预警的精度；另一方面是因为该类资料也便于与决策层、反馈层相衔接，直接服务于国家水行政主管部门。表 4-1 系统梳理了上述主要信息的数据来源、覆盖范围和获取频次。除此之外，遥感技术的快速发展为水资源承载风险的实时监测提供了新的数据源，特别是在水域面积、水体水质状况、建设用地面积比重方面具有明显的优势。遥感技术对水资源承载风险的监测作用将在第 6 章具体阐述。

表 4-1　　　　　　　　　水资源承载风险监测预警的基础数据

名　称	数　据　来　源	覆盖范围	频次要求
经济生产总值	统计年鉴，社会经济公报	全国	旬
人口总数	统计年鉴，经济公报	全国	年
用水总量	水资源公报，统计年鉴	全国	年
农业用水量	水资源公报，统计年鉴	全国	年
工业用水量	水资源公报，统计年鉴	全国	年
有效灌溉面积	统计年鉴，水资源计公报	全国	年
人均水资源量	统计年鉴，水资源统计公报	全国	年

名　　称	数　据　来　源	覆盖范围	频次要求
废水排放总量	统计年鉴，水资源统计公报	全国	年
森林覆盖率	统计年鉴，中国林业发展报告，中国林业数据库	全国	年
草原总面积	统计年鉴，中国林业发展报告，中国林业数据库	全国	年
水库容量	水利发展统计公报	全国	年
水灾受灾面积	中国水旱灾害公报	全国	年
旱灾受灾面积	中国水旱灾害公报	全国	年
水利投资	水利发展统计公报	全国	年
水利工程供水能力	水资源公报	全国	年
节水灌溉面积	水资源公报	全国	年
减少水土流失面积	中国水土保持公报	全国	年
农田灌溉水有效利用系数	水资源公报	全国	年
土壤侵蚀强度	中国水土保持公报	全国	年
径流量	水资源统计公报	全国	月
水库蓄水量	水情年报	全国	旬
地下水埋深	地下水动态月报	全国	月
平均降水量	气象站点	全国	月

　　预警层包括预警方法、预警内容和信息发布 3 个层次，其中构建合理有效的水资源承载风险监测预警方法是核心，主要包括预警模型和警报准则两个方面。预警内容应包括预警指标的实时数值、警报级别及参考阈值、预警指标的发展方向、预警指标的计算方法及构成要素、水资源承载风险级别及相应级别的管控方向等。预警信息的发布范围应涵盖整个水资源承载风险评价的各个层面，包括与预警指标构成要素相关的各类水行政主管部门。

　　决策层与反馈层都是指水行政主管部门对预警信息的响应，决策层偏重于水行政主管部门的决策过程，包括信息交换、专家评议、部门协商、形成决议和决策下达 5 个层次；反馈层偏重于水行政主管部门对水资源承载风险的具体管控，主要包括管控措施与效果评价两个层次。

　　图 4-4 给出了水资源承载风险监测预警的体系框架。基于该框架，水资源承载风险监测预警的基本流程如下：

　　（1）对水资源承载系统的脆弱性指标因子和危险性指标因子进行实时监测与收集处理。

　　（2）根据预警指标的监测结果进行水资源承载风险的实时评价，参照水资源承载风险预警阈值，发布警情及相应级别的管控方向。

　　（3）水行政主管部门会同相关部门根据预警警报信息共商、确定决策方案。

　　（4）根据决策方案及预警预案启动相应的应对措施，从强载和卸荷两方面对水资源承载系统进行反馈调控和效果评价，直到水资源承载风险达到期望目标。

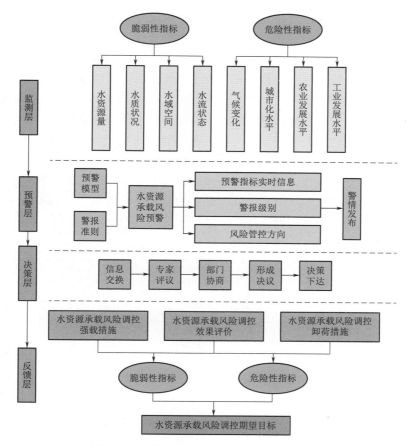

图 4-4 水资源承载风险监测预警体系框架

4.2 我国水资源承载风险的监测预警

基于上述理论分析，水资源承载风险监测预警的关键是提出水资源承载风险的分类分级体系，确定不同水资源承载风险类、级的阈值，识别各种致险因子不同预警程度阈值的时空差异，形成从指标因子风险到水资源承载风险的多层次监测预警技术。根据第 2 章构建的水资源承载风险评估方法和第 3 章的评价结果，我国水资源承载风险的监测预警主要包括气候变化水资源承载风险的监测预警、城市化水资源承载风险的监测预警、农业发展水资源承载风险的监测预警和工业发展水资源承载风险的监测预警 4 个方面。

4.2.1 气候变化水资源承载风险的监测预警

根据 2.2 节危险性指数的定义及计算方法，气候变化水资源承载风险监测预警采用的预警指标是气候变化危险性指数，表 4-2 给出了各省级行政区气候变化致险因子由低风险到中风险、中风险到较高风险、较高风险到高风险阈值的分布。受水资源承载系统脆弱性空间分布格局的影响，我国气候变化水资源承载风险各级阈值的空间分布均呈现西部南部大、东部北部小的总体格局，这实际上是由水资源承载风险的定义决定的。在本书中水资源承载风险是指水资源超载事件发生的概率与可能性。从水资源承载系统脆弱性的角度来看，超载事件发生的概率与可能性主要取决于当地水资源和社会经济系统的本底值。我国东部地区较西部地区经济发达，集中了全国大部分的人口和 GDP 份额，因此水资源承载系统具有更大的脆弱性，较小的致险因子风险便会引发较高的水资源承载风险，所以致险因子的阈值分布呈现西部大东部小的格局。我国北方地区较南方地区水资源条件较差，水资源承载系统更易受到致险因子的扰动，较小的致险因子风险便会引发较高的水资源承载风险，因此致险因子的阈值分布呈现南部大北部小的格局。从具体数值来看，京津冀地区是我国气候变化水资源承载风险各级阈值最小的地区，而西藏、广西和四川 3 个省级行政区依次是各级阈值最高的前三名。

表 4-2　　　　　　　　　气候变化水资源承载风险的阈值分布

省级行政区	低风险到中风险阈值（y_a）	中风险到较高风险阈值（y_b）	较高风险到高风险阈值（y_c）
北京	0.491	0.859	1.349
天津	0.485	0.849	1.334
河北	0.518	0.907	1.426
山西	0.626	1.095	1.721
内蒙古	1.014	1.775	2.789
辽宁	0.617	1.080	1.697
吉林	0.941	1.647	2.589
黑龙江	1.042	1.823	2.865
上海	0.854	1.494	2.347
江苏	0.801	1.401	2.202
浙江	1.008	1.764	2.772
安徽	1.010	1.767	2.777
福建	1.063	1.860	2.923
江西	1.119	1.958	3.077
山东	0.638	1.116	1.754
河南	0.672	1.175	1.847
湖北	1.060	1.854	2.914
湖南	1.098	1.921	3.018
广东	0.986	1.725	2.710
广西	1.143	2.000	3.143
海南	1.120	1.960	3.080
重庆	0.995	1.741	2.736
四川	1.130	1.977	3.107

省级行政区	低风险到中风险阈值（y_a）	中风险到较高风险阈值（y_b）	较高风险到高风险阈值（y_c）
贵州	1.111	1.944	3.054
云南	1.059	1.853	2.911
西藏	1.216	2.128	3.345
陕西	0.904	1.583	2.487
甘肃	0.987	1.728	2.715
青海	1.125	1.969	3.093
宁夏	0.937	1.639	2.576
新疆	1.090	1.908	2.998

注　本表不含台湾省、香港特别行政区和澳门特别行政区数据。

　　耦合气候变化水资源承载风险监测预警的各级阈值与气候变化水资源承载风险的评价结果，表4-3给出了我国气候变化水资源承载风险监测预警的警报体系。需要注意的是，表中颜色与图4-3中的警报设计准则保持一致，绿色表示无警，黄色表示轻警，橙色表示中警，红色表示重警，×表示现在所处的警报级别已经超过了该列所对应的预警级别。气候变化危险性指数一列中的颜色代表的是各省级行政区目前所处的警报级别；在现有警报级别的基础上，该表重点显示了各个省级行政区未来水资源承载风险进一步加大情形下的警报体系。

表 4 - 3　　　　　　　　　　气候变化水资源承载风险监测预警的警报体系

省级行政区	气候变化危险性指数	轻警	中警	重警	省级行政区	气候变化危险性指数	轻警	中警	重警
北京	1.394	×	×	×	湖北	0.624	1.060	1.854	2.914
天津	1.056	×	×	1.334	湖南	1.211	×	1.921	3.018
河北	1.259	×	×	1.426	广东	1.024	×	1.725	2.710
山西	1.610	×	×	1.721	广西	0.891	1.143	2.000	3.143
内蒙古	1.632	×	1.775	2.789	海南	0.208	1.120	1.960	3.080
辽宁	0.747	×	1.080	1.697	重庆	0.800	0.995	1.741	2.736
吉林	0.537	0.941	1.647	2.589	四川	1.062	1.130	1.977	3.107
黑龙江	0.828	1.042	1.823	2.865	贵州	1.059	1.111	1.944	3.054
上海	0.720	0.854	1.494	2.347	云南	2.043	×	×	2.911
江苏	0.901	×	1.401	2.202	西藏	2.115	×	2.128	3.345
浙江	0.680	1.008	1.764	2.772	陕西	1.150	×	1.583	2.487
安徽	0.897	1.010	1.767	2.777	甘肃	1.971	×	×	2.715
福建	1.113	×	1.860	2.923	青海	2.299	×	×	3.093
江西	0.998	1.119	1.958	3.077	宁夏	1.960	×	×	2.576
山东	0.850	×	1.116	1.754	新疆	3.445	×	×	×
河南	0.795	×	1.175	1.847					

注　本表不含台湾省、香港特别行政区和澳门特别行政区数据。

4.2.2 城市化水资源承载风险的监测预警

城市化水资源承载风险监测预警采用的预警指标是城市化危险性指数，表 4-4 给出了城市化致险因子由低风险到中风险、中风险到较高风险、较高风险到高风险阈值的空间分布。由于水资源承载风险评价的脆弱性指标保持不变，所以我国城市化水资源承载风险各级阈值的空间分布格局，与气候变化水资源承载风险各级阈值的空间分布格局保持一致，仍然呈现西部南部大、东部北部小的态势，具体原因不再赘述。

表 4-4 城市化水资源承载风险的阈值分布

省级行政区	低风险到中风险阈值（y_a）	中风险到较高风险阈值（y_b）	较高风险到高风险阈值（y_c）
北京	0.613	0.981	2.085
天津	0.606	0.970	2.061
河北	0.648	1.037	2.204
山西	0.782	1.252	2.660
内蒙古	1.268	2.028	4.310
辽宁	0.772	1.235	2.623
吉林	1.177	1.883	4.001
黑龙江	1.302	2.084	4.428
上海	1.067	1.707	3.628
江苏	1.001	1.602	3.403
浙江	1.260	2.016	4.285
安徽	1.262	2.020	4.292
福建	1.329	2.126	4.518
江西	1.399	2.238	4.756
山东	0.797	1.276	2.711
河南	0.840	1.343	2.854
湖北	1.325	2.119	4.503
湖南	1.372	2.195	4.665
广东	1.232	1.971	4.189
广西	1.429	2.286	4.857
海南	1.400	2.240	4.760
重庆	1.243	1.990	4.228
四川	1.412	2.259	4.801
贵州	1.388	2.221	4.721
云南	1.323	2.117	4.499
西藏	1.520	2.433	5.169
陕西	1.130	1.809	3.843
甘肃	1.234	1.974	4.196

续表

省级行政区	低风险到中风险阈值（y_a）	中风险到较高风险阈值（y_b）	较高风险到高风险阈值（y_c）
青海	1.406	2.250	4.781
宁夏	1.171	1.873	3.981
新疆	1.363	2.180	4.633

注　本表不含台湾省、香港特别行政区和澳门特别行政区数据。

　　耦合城市化水资源承载风险监测预警的各级阈值与城市化水资源承载风险的评价结果，表4-5给出了我国城市化水资源承载风险监测预警的警报体系。表中颜色与图4-3中的警报设计准则保持一致，绿色表示无警，黄色表示轻警，橙色表示中警，红色表示重警，×表示该省级行政区现在所处的警报级别已经超过了该列所对应的预警级别。城市化危险性指数的计算涉及的主要指标因子包括城市化率、人口密度、建成区面积比重和城市人均用水量，这4个指标的增大都会引起城市化危险性指数的提高，进而触发更危险级别的警报。因此，城市化水资源承载风险的调控也可以从这4个方面入手。

表4-5　　　　　　　　　城市化水资源承载风险监测预警的警报体系

省级行政区	城市化危险性指数	轻警	中警	重警	省级行政区	城市化危险性指数	轻警	中警	重警
北京	4.000	×	×	×	湖北	3.000	×	×	4.503
天津	3.000	×	×	×	湖南	2.000	×	2.195	4.665
河北	2.000	×	×	2.204	广东	3.000	×	×	4.189
山西	2.000	×	×	2.660	广西	2.000	×	2.286	4.857
内蒙古	1.000	1.268	2.028	4.310	海南	2.000	×	2.240	4.760
辽宁	3.000	×	×	×	重庆	4.000	×	×	4.228
吉林	1.000	1.177	1.883	4.001	四川	2.000	×	2.259	4.801
黑龙江	1.000	1.302	2.084	4.428	贵州	2.000	×	2.221	4.721
上海	4.000	×	×	×	云南	2.000	×	2.117	4.499
江苏	1.000	1.001	1.602	3.403	西藏	1.000	1.520	2.433	5.169
浙江	4.000	×	×	4.285	陕西	2.000	×	×	3.843
安徽	2.000	×	2.020	4.292	甘肃	1.000	1.234	1.974	4.196
福建	2.000	×	2.126	4.518	青海	2.000	×	2.250	4.781
江西	2.000	×	2.238	4.756	宁夏	1.000	1.171	1.873	3.981
山东	2.000	×	×	2.711	新疆	1.000	1.363	2.180	4.633
河南	2.000	×	×	2.854					

注　本表不含台湾省、香港特别行政区和澳门特别行政区数据。

4.2.3　农业发展水资源承载风险的监测预警

　　农业发展水资源承载风险的监测预警采用的预警指标是农业发展危险性指数，表4-6给出了农业发展致险因子由低风险到中风险、中风险到较高风险、较高风险到高风险阈值的空间分布。由于水资源承载风险评价的脆弱性指标保持不变，所以我国农业发展水资源承载风险各级阈值的空间分布，仍然呈现西部南部大、东部北部小的总体格局。

表 4-6 农业发展水资源承载风险的阈值分布

省级行政区	低风险到中风险阈值（y_a）	中风险到较高风险阈值（y_b）	较高风险到高风险阈值（y_c）
北京	0.981	1.472	1.791
天津	0.970	1.455	1.770
河北	1.037	1.555	1.892
山西	1.252	1.878	2.284
内蒙古	2.028	3.042	3.701
辽宁	1.235	1.852	2.253
吉林	1.883	2.824	3.436
黑龙江	2.084	3.126	3.803
上海	1.707	2.561	3.116
江苏	1.602	2.402	2.923
浙江	2.016	3.025	3.680
安徽	2.020	3.029	3.686
福建	2.126	3.189	3.880
江西	2.238	3.357	4.084
山东	1.276	1.914	2.328
河南	1.343	2.015	2.452
湖北	2.119	3.179	3.868
湖南	2.195	3.293	4.006
广东	1.971	2.957	3.597
广西	2.286	3.429	4.171
海南	2.240	3.360	4.088
重庆	1.990	2.984	3.631
四川	2.259	3.389	4.123
贵州	2.221	3.332	4.054
云南	2.117	3.176	3.864
西藏	2.433	3.649	4.439
陕西	1.809	2.713	3.301
甘肃	1.974	2.962	3.603
青海	2.250	3.375	4.106
宁夏	1.873	2.810	3.419
新疆	2.180	3.270	3.979

注 本表不含台湾省、香港特别行政区和澳门特别行政区数据。

耦合农业发展水资源承载风险监测预警的各级阈值与农业发展水资源承载风险的评价结果，表 4-7 给出了我国农业发展水资源承载风险监测预警的警报体系。表中颜色与图

4-3中的警报设计准则保持一致，绿色表示无警，黄色表示轻警，橙色表示中警，红色表示重警，×表示该省级行政区现在所处的警报级别已经超过了该列所对应的预警级别。农业发展危险性指数的计算涉及的主要指标包括播种面积、人均粮食产量和农业灌溉用水比例。

表 4-7 农业发展水资源承载风险监测预警的警报体系

省级行政区	农业发展危险性指数	轻警	中警	重警	省级行政区	农业发展危险性指数	轻警	中警	重警
北京	1.000	×	1.472	1.791	湖北	2.200	×	3.179	3.868
天津	1.350	×	1.455	1.770	湖南	2.200	×	3.293	4.006
河北	2.550	×	×	×	广东	1.550	1.971	2.957	3.597
山西	2.350	×	×	×	广西	2.550	×	3.429	4.171
内蒙古	3.450	×	×	3.701	海南	1.700	2.240	3.360	4.088
辽宁	2.350	×	×	×	重庆	2.000	×	2.984	3.631
吉林	3.450	×	×	×	四川	2.200	2.259	3.389	4.123
黑龙江	4.000	×	×	×	贵州	2.000	2.221	3.332	4.054
上海	1.000	1.707	2.561	3.116	云南	2.350	×	3.176	3.864
江苏	2.200	×	2.402	2.923	西藏	2.500	×	3.649	4.439
浙江	1.350	2.016	3.025	3.680	陕西	2.350	×	2.713	3.301
安徽	2.200	×	3.029	3.686	甘肃	2.550	×	2.962	3.603
福建	1.350	2.126	3.189	3.880	青海	1.700	2.250	3.375	4.106
江西	2.550	×	3.357	4.084	宁夏	2.500	×	2.810	3.419
山东	2.550	×	×	×	新疆	3.100	×	3.270	3.979
河南	2.850	×	×	×					

注 本表不含台湾省、香港特别行政区和澳门特别行政区数据。

农业作为我国的用水大户（见图4-5），其用水保障程度不仅是我国水资源安全的重要组成部分，也是我国粮食安全的重要研究内容。在此背景下，这里进一步开展了我国粮食生产的水资源安全研究，并重点解析了降水与灌溉的贡献率。考虑到水资源安全与粮食安全的关系，以前的大部分研究均参照联合国粮农组织（FAO）的标准，将作物产量作为粮食安全的重要指标（Liu et al.，2009；Davis et al.，2017；Rajagopalan et al.，2018）。该指标在评价粮食生产的水资源安全时，存在以下3个缺陷：①作物产量是水资源供给量、施肥量、病虫害防治水平和耕作技术等多因素综合作用的产物，该指标无法有效反映供水的净贡献率；②作物产量是作物生长态势在年尺度上的综合反映，无法反映作物生长过程中用水细节信息；③一个国家或地区到底需要多少粮食是一个非常主观和开放的问题，采用作物产量指标评价农业用水安全具有很大的不确定性。因此，这里将粮食生产的水资源安全定义为作物生长过程中需水的满足程度。基于该指标，我们试图回答以下3个与我国农业用水安全密切相关的问题：①在我国现有的种植结构下作物生长的总需水量是多少？②降水与灌溉对满足作物生长需水的贡献率是多少？③我国雨养农业与灌溉农业的水资源安全态势如何？

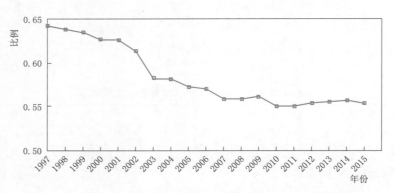

图 4-5　农田灌溉用水量占我国总用水量的比例

整个研究用到的数据包括 4 个方面：①全国 824 个气象站 1961—2015 年逐日气象观测数据，要素包括降水、气温、风速、相对湿度和日照时长；②我国 2015 年土地利用类型栅格数据，空间分辨率为 1km；③我国 2015 年 23 种农作物的分省种植面积，数据来自中国农村统计年鉴，这 23 种农作物基本涵盖了除去水果和蔬菜外的所有农作物；④各种作物的生长季（播种时间与收获时间），该数据是通过联合国粮农组织的推荐方案与当地农民的调研相结合确定的。图 4-6 给出了粮食生产水资源安全研究的技术路线图。

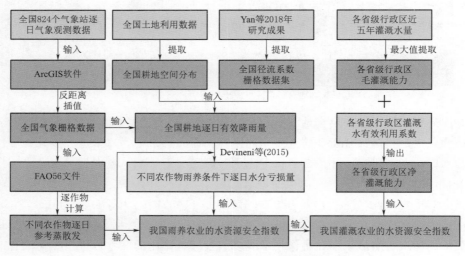

图 4-6　粮食生产水资源安全研究的技术路线图

表 4-8 为我国省级行政区单位种植面积需水量。具体来说，受气候条件和农作物种植结构的影响，需水量较高的地区主要分布在我国的西部、南部和北部省份。其中需水量最大的是海南（587mm），其次是新疆（541mm）、广西（540mm）、西藏（500mm）和广东（498mm）。单位种植面积需水量最小的省份是贵州（328mm），其次是四川（347mm）、山西（363mm）、北京（364mm）和重庆（369mm）。

表 4-8　　　　　　　　我国各省级行政区单位种植面积需水量

序号	省级行政区	单位种植面积需水量/mm	序号	省级行政区	单位种植面积需水量/mm
1	海南	587	17	河北	425
2	新疆	541	18	宁夏	424
3	广西	540	19	河南	424
4	西藏	500	20	陕西	417
5	广东	498	21	上海	412
6	辽宁	493	22	江苏	412
7	内蒙古	492	23	青海	405
8	吉林	476	24	湖北	397
9	黑龙江	471	25	甘肃	391
10	江西	464	26	云南	389
11	山东	456	27	重庆	369
12	浙江	448	28	北京	364
13	安徽	433	29	山西	363
14	天津	432	30	四川	347
15	福建	432	31	贵州	328
16	湖南	428			

注　本表不含台湾省、香港特别行政区和澳门特别行政区数据。

表 4-9 是考虑种植面积之后得到的省级行政区总需水量。作物总需水量的空间分布格局主要受播种面积控制，黑龙江需水总量高居第一（560 亿 m³），其次是河南（513亿 m³）、山东（401 亿 m³）、安徽（332 亿 m³）和内蒙古（329 亿 m³）。同理，作物总需水量较少的地区主要是播种面积较小的省份，其中最少的是北京（4 亿 m³），其次是上海（7 亿 m³）、西藏（10 亿 m³）和天津（16 亿 m³）。

表 4-9　　　　　　　　我国各省级行政区作物总需水量

序号	省级行政区	作物总需水量/亿 m³	序号	省级行政区	作物总需水量/亿 m³
1	黑龙江	560	12	江苏	247
2	河南	513	13	广西	232
3	山东	401	14	云南	218
4	安徽	332	15	江西	212
5	内蒙古	329	16	辽宁	177
6	河北	307	17	广东	153
7	湖南	284	18	陕西	143
8	四川	274	19	贵州	129
9	吉林	255	20	甘肃	125
10	湖北	251	21	山西	124
11	新疆	248	22	重庆	96

续表

序号	省级行政区	作物总需水量/亿 m³	序号	省级行政区	作物总需水量/亿 m³
23	浙江	65	28	天津	16
24	福建	60	29	西藏	10
25	宁夏	36	30	上海	7
26	海南	27	31	北京	4
27	青海	17			

注　本表不含台湾省、香港特别行政区和澳门特别行政区数据。

表 4－10 为各省级行政区单位作物种植面积雨水供给量。受东亚季风气候的影响，我国单位种植面积雨水供给量总体呈现由东南向西北逐渐减少的趋势。单位种植面积雨水供给量最大的省份是海南（435mm），其次是广西（391mm）、辽宁（351mm）、吉林（347mm）、广东（342mm）和黑龙江（323mm）。单位种植面积雨水供给量最小的省份是新疆（79mm），其次是西藏（150mm）和宁夏（165mm）。

表 4－10　　　　　　　　我国各省级行政区单位作物种植面积雨水供给量

序号	省级行政区	单位作物种植面积雨水供给量/mm	序号	省级行政区	单位作物种植面积雨水供给量/mm
1	海南	435	17	江西	247
2	广西	391	18	福建	245
3	辽宁	351	19	湖南	243
4	吉林	347	20	四川	243
5	广东	342	21	贵州	234
6	黑龙江	323	22	重庆	227
7	安徽	313	23	河北	223
8	江苏	298	24	天津	216
9	云南	295	25	山西	211
10	上海	294	26	甘肃	194
11	内蒙古	280	27	青海	190
12	湖北	277	28	北京	182
13	河南	272	29	宁夏	165
14	山东	270	30	西藏	150
15	浙江	269	31	新疆	79
16	陕西	248			

注　本表不含台湾省、香港特别行政区和澳门特别行政区数据。

表 4－11 为我国各省级行政区作物种植雨水总供给量。当考虑到作物种植面积时，雨水总供给量的空间分布格局主要受控于各个省份的播种面积。雨水供给量最大的省份是黑龙江（384 亿 m³），其次是河南（329 亿 m³）、安徽（240 亿 m³）和山东（237 亿 m³）。雨水供给量最小的省份是北京（2 亿 m³），其次是西藏（3 亿 m³）、上海（5 亿 m³）、天津（8 亿 m³）和青海（8 亿 m³）。

表 4-11 我国各省级行政区作物种植雨水总供给量

序号	省级行政区	作物种植雨水总供给量/亿 m³	序号	省级行政区	作物种植雨水总供给量/亿 m³
1	黑龙江	384	17	贵州	92
2	河南	329	18	陕西	85
3	安徽	240	19	山西	72
4	山东	237	20	甘肃	62
5	四川	192	21	重庆	59
6	内蒙古	187	22	浙江	39
7	吉林	186	23	新疆	36
8	江苏	179	24	福建	34
9	湖北	175	25	海南	20
10	广西	168	26	宁夏	14
11	云南	165	27	天津	8
12	湖南	161	28	青海	8
13	河北	161	29	上海	5
14	辽宁	126	30	西藏	3
15	江西	113	31	北京	2
16	广东	105			

注 本表不含台湾省、香港特别行政区和澳门特别行政区数据。

表 4-12 为我国各省级行政区单位种植面积水分亏损量。单位种植面积水分的亏损量受作物需水量与降水供给量的共同制约，但受季风气候影响，总体呈现从东南向西北逐渐增大的趋势。其中，水分亏损量最大的省份为新疆（462mm），其次为西藏（345mm）、宁夏（255mm）、江西（216mm）、内蒙古（212mm）和青海（203mm）。水分亏损量最小的省份是贵州（93mm），其次为云南（94mm）、四川（103mm）和江苏（114mm）。

表 4-12 我国各省级行政区单位种植面积水分亏损量

序号	省级行政区	单位种植面积水分亏损量/mm	序号	省级行政区	单位种植面积水分亏损量/mm
1	新疆	462	12	福建	182
2	西藏	345	13	浙江	179
3	宁夏	255	14	陕西	167
4	江西	216	15	北京	166
5	内蒙古	212	16	广东	157
6	青海	203	17	河南	153
7	河北	202	18	山西	151
8	天津	199	19	广西	149
9	甘肃	197	20	黑龙江	148
10	山东	186	21	海南	145
11	湖南	185	22	辽宁	141

序号	省级行政区	单位种植面积水分亏损量/mm	序号	省级行政区	单位种植面积水分亏损量/mm
23	重庆	140	28	江苏	114
24	上海	134	29	四川	103
25	吉林	129	30	云南	94
26	安徽	121	31	贵州	93
27	湖北	120			

注　本表不含台湾省、香港特别行政区和澳门特别行政区数据。

　　表4-13为考虑种植面积之后得到的我国各省级行政区作物种植水分亏损总量。水分亏损总量的空间分布与单位面积水分亏损量的分布格局完全不同，虽然最大值仍然出现在新疆（212亿 m³），但紧随其后的是其他几个种植面积较大的省份，依次是河南（185亿 m³）、黑龙江（176亿 m³）、山东（164亿 m³）和河北（146亿 m³）。水分亏损总量较小的地区依然分布在种植面积较小的省份，依次是北京（2亿 m³）、上海（2亿 m³）、海南（7亿 m³）、西藏（7亿 m³）和天津（7亿 m³）。

表4-13　　　　　　　我国各省级行政区单位种植面积水分亏损总量

序号	省级行政区	单位种植面积水分亏损总量/亿 m³	序号	省级行政区	单位种植面积水分亏损总量/亿 m³
1	新疆	212	17	云南	53
2	河南	185	18	山西	52
3	黑龙江	176	19	辽宁	51
4	山东	164	20	广东	48
5	河北	146	21	贵州	36
6	内蒙古	142	22	重庆	36
7	湖南	123	23	浙江	26
8	江西	99	24	福建	25
9	安徽	93	25	宁夏	22
10	四川	81	26	青海	9
11	湖北	76	27	天津	7
12	吉林	69	28	西藏	7
13	江苏	68	29	海南	7
14	广西	64	30	上海	2
15	甘肃	63	31	北京	2
16	陕西	57			

注　本表不含台湾省、香港特别行政区和澳门特别行政区数据。

　　表4-14为我国各省级行政区雨养农业水资源安全指数。可以看出，受降雨空间分布格局的控制，西北5省（新疆、西藏、宁夏、青海、甘肃）构成了我国雨养农业水资源安全指数最低的地区，总体在50%以下。雨养农业水资源安全指数最高的是云南（75.90%），其次是海南（75.11%）、吉林（73.28%）、江苏（72.86%）、安徽

（72.66%）和广西（72.65%）。在我国东部地区存在两个水资源安全指数低值区，分别是京津冀和闽湘赣。总体上来说，在多年平均气候条件下，我国农作物生长的需水总量是5850亿 m³，有效降水供给量是3650亿 m³，水分亏损总量是2200亿 m³，雨养农业的水资源安全指数是62%，与浙江、陕西、山东的相当。

表 4-14　　　　　　　　我国各省级行政区雨养农业水资源安全指数

序号	省级行政区	雨养农业水资源安全指数/%	序号	省级行政区	雨养农业水资源安全指数/%
1	云南	75.90	17	陕西	60.10
2	海南	75.11	18	山东	59.51
3	吉林	73.28	19	山西	58.64
4	江苏	72.86	20	福建	57.87
5	安徽	72.66	21	内蒙古	57.19
6	广西	72.65	22	湖南	57.19
7	贵州	71.96	23	北京	54.57
8	辽宁	71.93	24	江西	53.89
9	四川	70.49	25	天津	53.79
10	湖北	70.14	26	河北	52.75
11	黑龙江	69.14	27	甘肃	50.05
12	上海	69.02	28	青海	49.11
13	广东	68.80	29	宁夏	39.66
14	河南	64.50	30	西藏	27.71
15	重庆	62.56	31	新疆	14.74
16	浙江	60.93			

注　本表不含台湾省、香港特别行政区和澳门特别行政区数据。

表 4-15 为我国各省级行政区灌溉农业水分亏损总量。需要特别强调的是，由于本章在作物需水计算过程中没有考虑水果和蔬菜，而在灌溉水量方面则涵盖了所有的农业灌溉用水。两者的不匹配导致全国 15 个省级行政区的水分亏损量为 0，主要分布在我国西部、南部沿海和东部沿海地区。这意味着这些省份的农业灌溉用水可以完全保障本章中 23 种作物的需水总量。灌溉农业的水分亏损总量整体呈现北大南小的局面，最大的省份为河南（110亿 m³），其次为山东（80亿 m³）、内蒙古（76亿 m³）和河北（58亿 m³）。受需水总量和灌溉条件影响，南方灌溉农业水分亏损量最大的省份是湖南（28亿 m³），其次是重庆（26亿 m³）和四川（21亿 m³）。

表 4-15　　　　　　　　我国各省级行政区灌溉农业水分亏损总量

序号	省级行政区	灌溉农业水分亏损总量/亿 m³	序号	省级行政区	灌溉农业水分亏损总量/亿 m³
1	河南	110	6	山西	29
2	山东	80	7	湖南	28
3	内蒙古	76	8	重庆	26
4	河北	58	9	吉林	22
5	陕西	30	10	四川	21

序号	省级行政区	灌溉农业水分亏损总量/亿 m³	序号	省级行政区	灌溉农业水分亏损总量/亿 m³
11	江西	17	22	广西	0
12	甘肃	14	23	浙江	0
13	贵州	13	24	新疆	0
14	云南	12	25	海南	0
15	安徽	8	26	上海	0
16	湖北	2	27	宁夏	0
17	辽宁	0	28	黑龙江	0
18	天津	0	29	北京	0
19	江苏	0	30	西藏	0
20	广东	0	31	青海	0
21	福建	0			

注 本表不含台湾省、香港特别行政区和澳门特别行政区数据。

表 4-16 为我国各省级行政区灌溉农业水资源安全指数。与雨养农业相比，灌溉农业粮食生产的水资源安全指数得到了极大的提高，西北 4 省尤为明显。与表 4-15 相符合，15 个省份灌溉农业的水资源安全指数达到了 100%。重庆市成为水资源安全指数最低的省份（73%），除此之外的南方省份水资源安全指数均高于 90%。与之相对比，北方大多数省份的水资源安全指数低于 90%，多数位于 80% 左右。

表 4-16　　　　　　　　　　我国各省级行政区灌溉农业水资源安全指数

序号	省级行政区	灌溉农业水资源安全指数/%	序号	省级行政区	灌溉农业水资源安全指数/%
1	天津	100	17	安徽	98
2	江苏	100	18	云南	95
3	广东	100	19	四川	92
4	福建	100	20	江西	92
5	广西	100	21	吉林	91
6	浙江	100	22	湖南	90
7	新疆	100	23	贵州	90
8	海南	100	24	甘肃	89
9	上海	100	25	河北	81
10	宁夏	100	26	山东	80
11	黑龙江	100	27	陕西	79
12	北京	100	28	河南	79
13	西藏	100	29	内蒙古	77
14	青海	100	30	山西	77
15	辽宁	100	31	重庆	73
16	湖北	99			

注 本表不含台湾省、香港特别行政区和澳门特别行政区数据。

　　图4-7为我国各省级行政区粮食生产水资源安全降水与灌溉贡献率解析图。我国粮食生产总体的水资源安全指数是90%，其中降水与灌溉的贡献率分别是62%和28%。除了西北4省（新疆、西藏、宁夏和青海），其余27个省份降水的贡献率均超过了灌溉的贡献率。

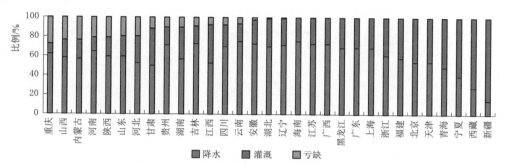

图4-7　我国各省级行政区粮食生产水资源安全降水与灌溉贡献率解析图

（注：本图不含台湾省、香港特别行政区、澳门特别行政区数据。）

4.2.4　工业发展水资源承载风险的监测预警

　　工业发展水资源承载风险监测预警采用的预警指标是工业发展危险性指数，表4-17给出了工业发展致灾因子由低风险到中风险、中风险到较高风险、较高风险到高风险阈值的空间分布。由于水资源承载风险评价的脆弱性指标保持不变，所以我国工业发展水资源承载风险各级阈值的空间分布，仍然呈现西部南部大、东部北部小的总体格局。

表4-17　　　　　　　　我国各省级行政区工业发展水资源承载风险的阈值分布

省级行政区	低风险到中风险阈值（y_a）	中风险到较高风险阈值（y_b）	较高风险到高风险阈值（y_c）
北京	0.859	1.227	1.840
天津	0.849	1.213	1.819
河北	0.907	1.296	1.944
山西	1.095	1.565	2.347
内蒙古	1.775	2.535	3.803
辽宁	1.080	1.543	2.315
吉林	1.647	2.353	3.530
黑龙江	1.823	2.605	3.907
上海	1.494	2.134	3.201
江苏	1.401	2.002	3.003
浙江	1.764	2.520	3.781
安徽	1.767	2.525	3.787
福建	1.860	2.657	3.986
江西	1.958	2.797	4.196

省级行政区	低风险到中风险阈值（y_a）	中风险到较高风险阈值（y_b）	较高风险到高风险阈值（y_c）
山东	1.116	1.595	2.392
河南	1.175	1.679	2.519
湖北	1.854	2.649	3.974
湖南	1.921	2.744	4.116
广东	1.725	2.464	3.696
广西	2.000	2.857	4.286
海南	1.960	2.800	4.200
重庆	1.741	2.487	3.730
四川	1.977	2.824	4.236
贵州	1.944	2.777	4.165
云南	1.853	2.647	3.970
西藏	2.128	3.041	4.561
陕西	1.583	2.261	3.391
甘肃	1.728	2.468	3.702
青海	1.969	2.812	4.218
宁夏	1.639	2.342	3.512
新疆	1.908	2.725	4.088

注 本表不含台湾省、香港特别行政区和澳门特别行政区数据。

耦合工业发展水资源承载风险监测预警的各级阈值与工业发展水资源承载风险的评价结果，表4-18给出了我国省级行政区工业发展水资源承载风险监测预警的警报体系。表中绿色表示无警，黄色表示轻警，橙色表示中警，红色表示重警，×表示该省级行政区现在所处的警报级别已经超过了该列所对应的预警级别。工业发展危险性指数的计算涉及的主要指标因子包括工业化进程指数和工业用水量。

表 4-18 我国省级行政区工业发展水资源承载风险监测预警的警报体系

省级行政区	工业发展危险性指数	轻警	中警	重警	省级行政区	工业发展危险性指数	轻警	中警	重警
北京	1.000	×	1.227	1.840	湖北	1.850	1.854	2.649	3.974
天津	1.850	×	×	×	湖南	1.150	1.921	2.744	4.116
河北	1.150	×	1.296	1.944	广东	1.850	×	2.464	3.696
山西	2.150	×	×	2.347	广西	2.150	×	2.857	4.286
内蒙古	1.850	×	2.535	3.803	海南	1.450	1.960	2.800	4.200
辽宁	1.850	×	×	2.315	重庆	1.000	1.741	2.487	3.730
吉林	1.850	×	2.353	3.530	四川	2.000	×	2.824	4.236
黑龙江	1.300	1.823	2.605	3.907	贵州	2.300	×	2.777	4.165
上海	1.850	×	2.134	3.201	云南	2.300	×	2.647	3.970
江苏	3.550	×	×	×	西藏	2.300	×	3.041	4.561

续表

省级行政区	工业发展危险性指数	轻警	中警	重警	省级行政区	工业发展危险性指数	轻警	中警	重警
浙江	1.850	×	2.520	3.781	陕西	2.000	×	2.261	3.391
安徽	3.700	×	×	3.787	甘肃	1.450	1.728	2.468	3.702
福建	1.000	1.860	2.657	3.986	青海	2.000	×	2.812	4.218
江西	2.850	×	×	4.196	宁夏	2.150	×	2.342	3.512
山东	1.850	×	×	2.392	新疆	2.300	×	2.725	4.088
河南	2.000	×	×	2.519					

注　本表不含台湾省、香港特别行政区和澳门特别行政区数据。

建立国家水资源承载风险遥感动态监测系统，可有效监测水资源系统、生态环境系统、社会经济系统等特征在时间和空间上的变化。同时，该监测系统与地面监测和调查统计手段结合，能够逐步形成完备的监测预警体系，支撑建立水资源承载力监测预警机制，对早日实现国家水资源承载力监测预警机制建设目标具有重要意义。

国家水资源承载风险遥感监测系统设计研究是基于水资源承载风险评估和预警技术研究成果，分析国家水资源承载风险预警对遥感动态监测系统的信息获取需求，研究国产卫星为主组网的大尺度水资源承载风险的监测体系布局，提出国家水资源承载风险遥感动态监测系统总体建设方案，建设系统原型，支撑形成对气候变化、人类活动等引起大尺度水资源、环境、生态风险的预警能力。

5.1 水资源承载风险遥感动态监测需求分析

5.1.1 用户及业务需求

5.1.1.1 用户分析

水资源承载风险遥感动态监测系统的用户主要分为：国家级水行政主管部门——水利部、流域或省级水行政主管部门、社会公众与科研人员。其中，遥感动态监测系统以国家级行业主管部门用户为主，同时也可为社会公众及科研人员提供服务。

水利部总体负责全国水资源的管理、配置、节约和保护的工作，同时还需要明确水资源的调度方案和管控措施，基于国家水资源承载风险遥感动态监测系统的建设，水利部可通过了解水资源天然存量与负荷现状来评价水资源承载状况，进一步增强其对全国水资源进行动态管理的能力。

流域管理机构和省级水行政主管部门负责区域的水资源管理工作，该系统的水资源承载风险监测成果将有利于提高其在区域水资源管理中的科学性和管理措施制定的及时性。

对社会公众而言，他们可以通过该系统了解国家尺度的水资源承载风险的相关信息；有开展水资源承载力方面业务需求的科研人员，可从该系统上进行水资源承载风险相关信息的查询和数据的下载。

5.1.1.2 业务需求

建设国家水资源承载风险遥感动态监测系统，需要摸清全国各地区、各流域水资源承载力，核算经济社会对水资源的承载负荷现状，评价水资源承载状况，建立水资源承载力监测预警机制，进而对水资源超载区域实行有针对性的管控措施，促进人口、经济与资源环境均衡协调发展的目标。具体来说，建设国家水资源承载风险遥感动态监测系统在业务上需要完成以下工作内容。

（1）核算水资源承载力。根据全国水资源综合规划、最严格水资源管理制度"三条红线"控制指标、主要江河流域水量分配方案等相关成果，核算我国的水资源承载力。

（2）评价水资源承载状况。以县域为单元，定期核算县域水资源承载负荷，分析评价县域水资源承载状况，划定超载、临界、不超载区域。

（3）研究提出水资源管控措施建议。分析水资源超载的原因，制定对超载地区的限制性政策措施，引导各地根据水资源承载力进行经济建设。

（4）建立水资源承载力监测预警机制。完善水资源承载力监测预警手段，逐步形成较为完备的监测预警体系，搭建水资源承载力动态评价与预警系统，建立水资源承载力监测预警机制。

5.1.2 监测内容需求

5.1.2.1 监测要素

基于第2章构建的水资源承载风险评价指标体系，水资源承载风险监测要素包括水资源承载系统的脆弱性指标和危险性指标。脆弱性指标具体包括人均水资源量、水体水质状况、水资源开发利用率、水域面积率、库径比指数、产水模数、人口密度、城市化率、建设用地面积比重、人均GDP和三产比重。危险性指标具体包括标准降雨蒸散发干旱指数（SPEI）、城市生活用水量、人均粮食产量、农业用水比例和农业缺水率等。

根据遥感数据源的特点，在监测内容上可通过卫星遥感手段获取的要素对水资源、生态环境和社会经济3大系统进行监测。其中，水资源方面又包括对水量、水质和水域3个方面的要素进行监测，生态环境方面主要是针对土地利用开展监测，社会经济角度则包括对农业和城镇的变化监测。监测内容需求如图5-1所示。

（1）水资源系统监测：主要包括水量监测、水质监测和水域监测。其中，水量监测包括降水量监测、湖库蓄水监测、江河源区积雪监测、地下水监测、蒸散发监测、土壤含水量监测等；水质监测即水体水质，主要指大型湖库水色监测，包括水体叶绿素a浓度、总悬浮物浓度、水体浊度3个主要水质参数的监测；水域监测主要包括对重要水体水域面积的监测。水资源系统监测的目标是实现月尺度监测动态，年尺度汇总分析。

（2）生态环境系统监测：主要包括土地利用监测中的植被覆盖监测、荒漠化监测等。生态环境系统监测的目标是实现月尺度监测动态，年尺度汇总分析。

（3）社会经济系统：主要包括农业社会经济监测和城镇社会经济监测。其中，农业社会经济监测主要包括灌溉面积监测、播种面积监测、需水与用水监测；城镇社会经济监测主要包括建成区面积监测等。

水资源承载风险的评价为多年的平均状态，而基于遥感技术监测水资源承载风险指标获取到的数值为各指标的瞬时值。为实现对各风险指标的合理评价，需对遥感监测的各指标进行月尺度的动态监测，并在此基础上实现年尺度的汇总分析，进而得到各指标在年尺度上的平均值。

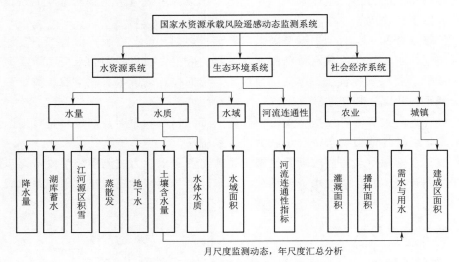

图 5-1　监测内容需求图

5.1.2.2　监测产品

国家水资源承载风险遥感动态监测系统中的专题产品研制任务包括：降水量监测产品、湖库蓄水量监测产品、江河源区积雪监测产品、地下水监测产品、蒸散发监测产品、土壤含水量监测产品、叶绿素 a 浓度监测产品、悬浮物浓度监测产品、水体浊度监测产品、水体富营养化指数和透明度监测产品、水域面积监测产品、河流连通性指标、灌溉面积监测产品、播种面积监测产品、农业需水与用水监测产品、城镇化面积监测产品等，产品需求见表 5-1。

表 5-1　　　　　　　　　　　产 品 需 求 表

序号	类　别		产 品 名 称	产 品 精 度	频次需求
1	水资源系统	水量	降水量监测产品	空间分辨率不低于 5km	月
2			湖库蓄水量监测产品	空间分辨率不低于 30m	月
3			江河源区积雪监测产品	空间分辨率不低于 30m	月
4			地下水监测产品	空间分辨率不低于 50km	月
5			蒸散发监测产品	空间分辨率不低于 1km	日
6			土壤含水量监测产品	空间分辨率不低于 30m 和 1000m	旬

序号	类　别		产　品　名　称	产　品　精　度	频次需求
7	水资源系统	水质	叶绿素 a 浓度监测产品	空间分辨率不低于 30m	月
8			悬浮物浓度监测产品	空间分辨率不低于 30m	月
9			水体浊度监测产品	空间分辨率不低于 30m	月
10			水体富营养化指数和透明度监测产品	空间分辨率不低于 30m 和 500m	月
11		水域	水域面积监测产品	空间分辨率不低于 30m	月
12	生态环境系统	水流	河道连通性指标	空间分辨率不低于 30m	月
13	社会经济系统	农业	灌溉面积监测产品	空间分辨率不低于 30m	月
14			播种面积监测产品	空间分辨率不低于 30m	月
15			农业需水与用水监测产品	空间分辨率不低于 30m	月
16		城镇	建成区面积监测产品	空间分辨率不低于 30m	月

5.1.3　数据需求

为实现对水资源、生态环境和社会经济系统各指标的监测，需要国家水资源承载风险遥感动态监测系统实现对各指标大范围、空间连续的监测，并与地面数据进行协同，实现大尺度的动态监测目标。

因不同水资源承载风险指标生产的方法和数据源不同，各指标遥感监测产品的分辨率需求也不尽相同（具体可参见表 5-1）。降水量等从宏观尺度进行监测的数据的空间分辨率要求不低于 5km；通过可见光遥感数据观测的水域面积、灌溉面积等要素，可以基于中高分辨率影像进行分析，空间分辨率不低于 30m；通过 GRACE 产品对地下水的动态监测，因产品本身分辨率较低，对该产品的空间分辨率要求不低于 50km。

5.1.4　应用系统需求

5.1.4.1　功能需求

国家水资源承载风险遥感动态监测系统分为 3 个业务模块：水资源监测模块、生态环境监测模块、社会经济监测模块；3 个通用模块：数据管理模块、遥感影像预处理模块、信息服务模块。监测系统各模块共同支撑水资源承载风险遥感动态监测产品的生产和业务的需求。系统功能组成如图 5-2 所示。

各功能模块的具体需求情况如下：

（1）数据管理需求。在数据管理方面，水资源遥感动态监测系统需要基于文件系统和数据库系统，实现对遥感影像数据、影像预处理产品、专题产品、地面实测数据（如水位、土壤含水量等）、基础地理空间数据等的统筹管理，同时提供与高分水利遥感应用示范平台、水资源业务系统的接口，实现卫星遥感影像数据、业务数据的接入与专题产品的上传。具体的管理功能主要包括数据入库、产品归档、数据检索、数据编辑、数据统计、数据导出等 6 项。

（2）遥感影像预处理需求。基于水资源遥感动态监测系统对水资源承载风险因子进行

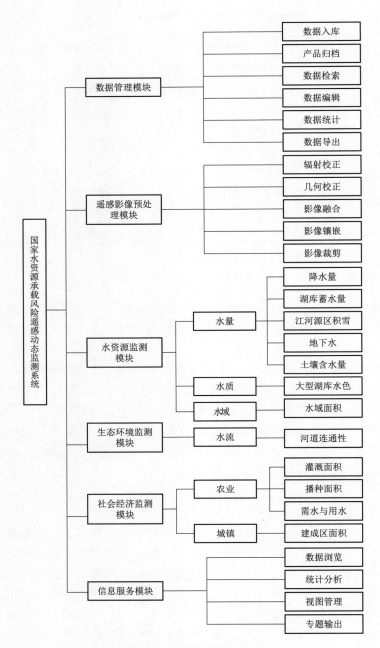

图 5-2 系统功能组成图

监测，需对采集的多源遥感影像进行数据预处理，其中包含的主要预处理环节包括遥感影像的辐射校正、几何校正、影像融合、影像镶嵌、影像剪裁等操作。

（3）水资源监测需求。在对水资源系统的监测方面，需基于处理后的遥感影像及地面实测数据，对水量、水质、水域 3 方面分别进行遥感监测。其中，水量要素的监测包括降水量、地下水、土壤含水量等；水质要素监测包括大型湖库水色监测；水域要素监测主要是对水域的面积进行监测。

（4）生态环境监测需求。生态环境系统方面，主要对水流进行监测，基本的监测指标是河道的连通性。通过监测河道水面的连通情况，对水流指标进行综合评价。

（5）社会经济监测需求。社会经济要素监测，可分为对农业和城镇两个方面的监测。其中，农业角度的监测包括灌溉面积监测、播种面积监测等；对城镇因子的评价主要通过对建成区面积的监测来实现。

（6）信息服务需求。监测信息服务主要是在水资源遥感动态监测系统中对原始数据、监测产品等进行数据浏览、查询，对计算结果进行统计分析、专题制图等操作。通过监测系统的信息服务功能，实现对用户、不同部门间数据交互的支撑。

5.1.4.2　接口需求

（1）外部接口。国家水资源承载风险遥感动态监测系统的外部接口主要包括与（各水资源业务部门）水资源业务系统的接口、与高分水利遥感应用示范平台的接口，见图5-3。国家水资源承载风险遥感动态监测系统的业务监测，需要从水资源业务系统和高分水利遥感应用示范平台接收地面监测数据和影像数据；在产品生产完成后，分别向两个系统/平台发送应用产品。该部分主要由系统的数据管理模块实现。

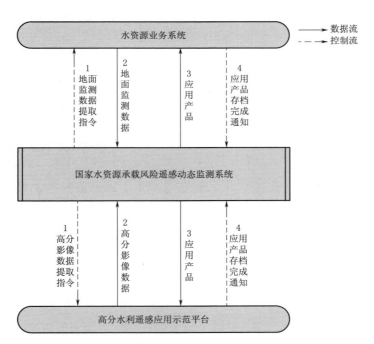

图5-3　国家水资源承载风险遥感动态监测系统外部接口

（2）内部接口。国家水资源承载风险遥感动态监测系统主要内部接口包括业务功能模块（水资源监测模块、生态系统监测模块、社会经济监测模块）与通用功能模块（数据管理模块、专题输出模块）之间的接口（见图5-4）。

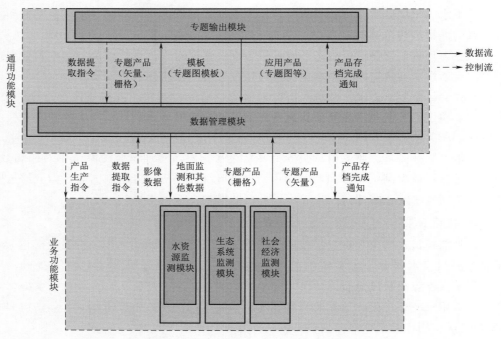

图 5-4　国家水资源承载风险遥感动态监测系统主要内部接口

5.2　水资源承载风险遥感监测体系与布局研究

　　为形成对水资源、生态环境和社会经济系统各要素的遥感观测能力，需基于常用遥感卫星数据开展针对各监测要素的监测方案研究，以形成对国家水资源承载风险遥感监测系统的数据支撑。数据源包括国产高分系列、资源系列、环境卫星等卫星影像、主流国外卫星影像及其他再分析数据等。

　　对卫星监测能力进行评价，是开展水资源承载风险因子监测的方案制订与优化的基础。不同遥感卫星因搭载的传感器不同，因而对不同水资源承载因子的监测能力也有所差异。在制订水资源承载风险监测方案时，需先基于特定指标对遥感卫星的水资源承载风险因子观测能力做出判断，在此基础上分析采用不同遥感数据源进行国家层面水资源承载风险评价的组合方案。

5.2.1　遥感监测能力分析

　　评价某种遥感影像（传感器）数据对水资源承载风险因子的监测能力，如监测水域面积、积雪、地下水、土壤含水量等要素，具体可从该影像提供数据的时空分辨率、对观测区的覆盖能力、影像的数据质量和对监测指标的描述能力等角度进行分析，在此基础上制订各监测要素的遥感动态监测组合方案。

5.2.1.1　卫星观测覆盖能力分析

　　为实现对国家水资源承载风险的动态监测，需以卫星遥感影像数据作为数据支撑，因此首先需对主流卫星影像数据源的观测覆盖能力进行分析。水资源承载风险指标为大时空尺度上的分析，这对遥感数据的覆盖能力要求为 16m 分辨率影像至少每月完成 1 次全国覆盖，进而为水资源管理提供基于遥感影像的水体、植被、土壤含水量等信息的月度动态监测。在此基础上对风险因子进行年度统计，支撑全国年尺度的水资源承载风险评价。

为完成上述任务，需收集全国（至少重点监测区域）GF-1 16mWFV 数据每月 1 次全覆盖。

根据 GF-1 WFV 和 PMS 载荷的重访和覆盖周期，在月时间尺度上，WFV 数据一般可覆盖我国大部分区域，利用 GF-1 WFV 和 HJ-1A/B 联合，一般可完成全国 1 次全覆盖。在年时间尺度上，GF-1 PMS 数据一般可完成全国 1 次全覆盖。

主要遥感数据源参数见表 5-2。

表 5-2   主要遥感数据源参数

数据资源	重放周期	分辨率	产品获取滞后时间	获 取 地 址
GF-1	41 天、4 天	2/8m、16m	<1 天	http://www.cresda.com/CN/
GF-2	69 天	1/4m	1 天	
GF-4	—	50m	<1 天	
HJ1-A	4 天	30/1000m	1～5 天	
HJ-B	4 天	30/120m	1～5 天	
GF-6	4 天	2m、8m	<1 天	
GF-5	5 天	40m	1 天	—
Landsat-8	16 天	15/30m	1～2 天	https://glovis.usgs.gov/
Sentinel-1	12 天	5m	1 天	https://scihub.copernicus.eu/dhus/#/home
Sentinel-2	5 天	10/20/60m	1 天	
MODIS	1 天	30m	1 天	https://search.earthdata.nasa.gov/
CLDAS	1 天	0.0625°	<1 天	http://data.cma.cn/data/detail/dataCode/NAFP_CLDAS2.0_NRT.html
FY-3	6 天	250m、1km	<1 天	http://satellite.nsmc.org.cn/portalsite/Data/Satellite.aspx
GRACE	30 天	1°	—	https://isdc.gfz-potsdam.de/homepage/
GPM	3h、1 天、1 月	0.25°、0.1°、0.5°	1 天	https://gpm.nasa.gov/precipitation-measurement-missions

5.2.1.2 遥感监测方法性能分析

对水资源承载风险的多种指标进行观测，需要对各指标的遥感监测技术及数据源的性能进行分析，选择合适的数据源和遥感反演方法，统筹构建优化组合的遥感监测方案。

从整体上看，对水资源承载风险指标的遥感监测可分为可见光/近红外、微波与多传感器联合监测 3 类，其中可见光/近红外的分辨率相对较高，但不具备全天候的观测能力；而微波观测受云雨等因素的影响较小，但空间分辨率较低；通常多传感器的联合观测在降水、土壤含水量和水域面积等要素上可取得相对较理想的观测效果。对湖库蓄水量的观测包括水位-面积法、水量平衡法等，其中水位-面积法操作性较强，水量平衡法所需的水均衡分量数据不易获取，推广性较差；种植结构的观测包括单一影像法、时间序列影像源法和遥感影像与统计数据融合法；水质的观测需在实测资料的基础上，通过统计回归法、机器学习法或生物光学模型法进行，其中统计回归方法操作较为简单，机器学习法精度较高，但对样本的依赖性较强，生物光学模型法机理明确，但模型较为复杂。水资源承载风险因子遥感监测方法性能对比见表 5-3。

表 5-3　　　　　　　　　　　水资源承载风险因子遥感监测方法性能对比

监测要素	方法类型	优 点	缺 点	来 源
降水	可见光/红外	时间分辨率较高	经验算法，限于中低纬度地区	Garcia，1981；李小青和吴蓉璋，2005；杜文涛等，2019
	微波	测量范围大，标定准确，频段选择灵活	被动微波算法代码不够公开，主动微波算法试验性强，且像元内降水不均	
	多传感器联合	时空分辨率较高		
土壤含水量	可见光/近红外	分辨率高，覆盖范围广	穿透能力弱，噪声源多	李喆等，2010；米素娟等，2019；李伯祥等，2019；江渊等，2020
	热红外	空间分辨率较高，覆盖面广，物理意义明确	穿透能力弱，植被和气象条件干扰较大	
	微波	受大气影响较弱，有一定穿透力，物理意义明确	空间分辨率低，受植被和地表粗糙度影响较强	
	多传感器联合	精度高、全天时、全天候	算法较复杂	
水域面积	可见光/近红外	原理简单	不适合云雨天气，阈值选择的主观性大	肖茜等，2018；贾诗超等，2019
	热红外	可鉴别热污染的水体区域	单独提取，水体精度不高	
	微波	全天时、全天候	空间分辨率较低，易受到风场、流场的因素的干扰	
	多传感器联合	提取精度高且全天时全天候		
湖库蓄水量	水量平衡法	原理简单	变量获取困难、估算精度较差	孙建芸等，2017；廖梦思等，2016
	水位—面面积法	原理简单	估算精度受制于湖盆库容曲线精度	
	重力卫星法	数据易获取	空间分辨率较低，难以定量	
种植结构	单一影像法	原理简单	难以捕获种植结构"最佳识别期"影像	胡琼等，2015；熊元康等，2019
	时间序列影像源法（单一特征参量法、多特征参量法、特征参量统计模型法）	充分利用农作物季相节律特征		
	遥感影像与统计数据融合法	可获得大尺度作物结构种植图	分辨率较低，区域适宜性差	

监测要素	方法类型	优 点	缺 点	来 源
水质	统计回归法	原理简单	需要大量实测数据支撑，推广性差	穆秀春，2005；汪西莉等，2009；李婉晖和徐涵秋，2009
	机器学习法	非线性拟合能力较强	模型复杂，需要大量数据支撑，且容易过拟合	
	生物光学模型法	以辐射传输方程为基础，机理性强	模型复杂，需要多个光学活性物质的固有光学参量	

5.2.2 水资源承载风险监测布局研究

5.2.2.1 单星观测能力评估

1. 方法原理

水资源承载风险遥感监测包括对水域面积、湖库蓄水量、灌溉面积等开展的遥感观测。将观测任务需求 R 采用空间分辨率 X、观测重访周期 T、空间覆盖率 C 等来表示：

$$R = f(X, T, C) \tag{5-1}$$

假设应用效果与数据质量之间的关联是线性连续变化的，不存在效果突变的情况。对每个变量均采用一个 3 元组来描述，以水平分辨率 X 为例：

$$X = (t, b, g)^{\mathrm{T}} \tag{5-2}$$

式中：t 为下限阈值；b 为突破值；g 为上限阈值，每个值的具体取值参考应用需求。

对于水平分辨率来说，变量的取值越小，任务的需求越高，观测任务完成的效果也就越好。据此定义观测任务完成效果的模糊集合，以空间分辨率 X 为例，观测变量值与任务完成效果的对应关系见表 5-4。

表 5-4 观测变量值与观测任务完成效果的对应关系

观测变量值	观测任务完成效果	观测变量值	观测任务完成效果
$X \geqslant t$	差	$b > X \geqslant g$	良
$t > X \geqslant b$	中	$X < g$	优

设 $\mathbf{u}_1(x)$，$\mathbf{u}_2(x)$，$\mathbf{u}_3(x)$，$\mathbf{u}_4(x)$ 表示优、良、中、差 4 个模糊子集，其隶属函数选择梯形分布函数，即可得 4 种模糊隶属度函数为

$$\mathbf{u}_1(x) = \begin{cases} 1 & x < \dfrac{g}{2} \\ \dfrac{g-x}{g-\dfrac{g}{s}} & \dfrac{g}{2} \leqslant x \leqslant g \\ 0 & x > g \end{cases}$$

$$\mathbf{u}_2(x) = \begin{cases} 0 & x < \dfrac{g}{2} \\ \dfrac{x-\dfrac{g}{2}}{g-\dfrac{g}{2}} & \dfrac{g}{2} \leqslant x \leqslant g \\ 1 & g < x < \dfrac{g+b}{2} \\ \dfrac{b-x}{b-\dfrac{g+b}{2}} & \dfrac{g+b}{2} \leqslant x \leqslant b \\ 0 & x > b \end{cases}$$

$$\mathbf{u}_3(x) = \begin{cases} 0 & x < \dfrac{g}{2} \\[2ex] \dfrac{x - \dfrac{g+b}{2}}{b - \dfrac{g+b}{2}} & \dfrac{g}{2} \leqslant x \leqslant b \\[4ex] 1 & b < x < \dfrac{b+t}{2} \\[3ex] \dfrac{t - x}{t - \dfrac{b+t}{2}} & \dfrac{b+t}{2} \leqslant x \leqslant t \\[3ex] 0 & x > t \end{cases} \qquad \mathbf{u}_4(x) = \begin{cases} 0 & x < \dfrac{b+t}{2} \\[3ex] \dfrac{x - \dfrac{b+t}{2}}{t - \dfrac{b+t}{2}} & \dfrac{b+t}{2} \leqslant x \leqslant t \\[4ex] 1 & x > t \end{cases} \qquad (5-3)$$

基于成像卫星观测任务需求 R，使用模糊评价方法对成像卫星传感器的观测能力进行度量，计算过程如下。

（1）确定评价对象、因素集及评价集。在该模型中，评价对象是成像卫星传感器的观测能力，影响成像卫星传感器的观测能力因素集 $\{\mathbf{u}_1，\mathbf{u}_2，\mathbf{u}_3，\mathbf{u}_4\} = \{$空间分辨率，观测重访周期，空间覆盖率，成像概率$\}$，评价集 $\mathbf{V} = \{\mathbf{v}_1，\mathbf{v}_2，\mathbf{v}_3，\mathbf{v}_4\} = \{$优，良，中，差$\} = \{10，8，6，1\}$。

（2）确定单因素评价矩阵。通过专家打分来获取各个因素对应各个评价等级的隶属程度的大小，建立单因素评价矩阵。构建单因素评价矩阵时，使用成像卫星观测任务需求的模糊隶属度函数，通过模糊合成运算得到成像卫星传感器观测能力与观测任务效果的模糊关系矩阵：

$$\mathbf{R} = \begin{bmatrix} r_{11} & \cdots & r_{1m} \\ \vdots & \ddots & \vdots \\ r_{p1} & \cdots & r_{pm} \end{bmatrix} \qquad (5-4)$$

其中，矩阵 $\mathbf{R}$ 中第 i 行第 j 列元素 r_{ij} 表示某个成像卫星传感器从因素 u_i 来看对 v_j 等级模糊子集的隶属度。

（3）确定评价因素的权重。在模糊综合评价中，设评价因素的权重向量为

$$\mathbf{W} = w_1 + w_2 + w_3 \qquad (5-5)$$

其中，$\sum\limits_{i=1}^{3} w_i = 1$，权重使用层次分析法确定。首先，根据各评价指标的相对重要性进行评分，给出评价因素的权重。

（4）合成模糊综合评价结果向量。将权重向量 $\mathbf{W}$ 与模糊关系矩阵 $\mathbf{R}$ 进行合成，得到成像卫星传感器的模糊综合评价结果向量 $\mathbf{B}$：

$$\mathbf{B} = \mathbf{WR} = [w_1, w_2, \cdots, w_p] \begin{bmatrix} r_{11} & \cdots & r_{1m} \\ \vdots & \ddots & \vdots \\ r_{p1} & \cdots & r_{pm} \end{bmatrix} = [b_1, b_2, \cdots, b_m] = \mathbf{B} \qquad (5-6)$$

（5）计算具体评价值。将综合评价结果向量映射为具体的评估值：

$$\mathbf{E} = \mathbf{BV} = [b_1 v_1, \ b_2 v_2, \ \cdots, \ b_m v_m] \qquad (5-7)$$

式中：$V = [v_1, v_2, \cdots, v_n]$，$v_i$ 为第 i 类评价对应的评价分数，E 为成像卫星传感器的观测能力评价结果。

2. 单星观测能力实验分析

选择高、中、低各不同空间分辨率卫星遥感数据为典型，并结合光学及雷达卫星特征，开展各种不同观测性能的遥感卫星在水资源监测中的观测能力分析实验，具体选择 MODIS、Landsat 8、Sentinel-1、GF-1 开展地表水域观测能力分析。

在实际应用中，需结合地表水体提取工作的实际观测需求，观测任务的需求参数见表5-5。

表5-5　　　　　　　　　　　　　观测任务的需求参数

观测类型	任 务 需 求								
	空间分辨率/m			观测重访周期/h			空间覆盖率/%		
	t	b	g	t	b	g	t	b	g
水面积提取	1000	100	10	168	72	24	80	90	95

对于水面积提取的常规监测，首先，根据成像卫星观测能力度量模型中的隶属函数，计算得出传感器对于相应的任务需求的隶属度；然后，根据隶属度求取每颗传感器的单因素评价得分，计算结果见表5-6。具体的分数值表示每个传感器相应的评价结果，10分为满分。传感器观测能力单因素计算结果见表5-6。

表5-6　　　　　　　　　传感器观测能力单因素计算结果

传感器	MODIS	Landsat 8	Sentinel-1	GF-1
空间分辨率	6	10	10	10
观测周期	10	8	8	8
空间覆盖率	10	8	10	8

权重的计算通常采用层次分析法（analytic hierarchy process，AHP），根据 AHP 确定了权重系数，使用1～9比较标度，采用成对比较法进行评分。进行计算后判断矩阵和权重见表5-7。表5-7中，w 表示具体的权重值。一般情况下，当 $CR < 0.1$ 时，认为判断矩阵满足一致性要求。

表5-7　　　　　　　　　　　　判断矩阵和权重

U	u_1	u_2	u_3	w
u_1	1	2	4	0.5584
u_2	1/2	1	3	0.3196
u_3	1/4	1/3	1	0.1220

针对水体面积提取任务，计算出每个传感器最后的能力得分，见表5-8。

表5-8　　　　　　　　　卫星传感器水面积提取观测能力计算结果

传感器	MODIS	Landsat 8	Sentinel-1	GF-1
观测能力	7.78	9.12	9.345	8.32

能力评价结果满分为 10 分，分值越高表示该传感器观测能力越强。从计算结果可以看出，该方法反映出成像卫星在不同任务需求时观测能力的变化，与成像卫星实际应用中的结果较一致。

5.2.2.2 多星组网观测能力评估

1. 方法原理

受时间分辨率、空间分辨率及云覆盖等诸多因素的影响，采用单一星源开展水资源监测通常难以满足实际需要。多星传感器的协同观测，拥有时间间隔短、覆盖范围广、全天候、全天时等方面的优势，可以弥补单星的不足。为了实现水资源承载风险的动态监测，需要将现有的多星源卫星遥感传感器科学的组合在一起，建立一种动态的、科学的水资源承载风险的多星组网观测方法。目前重点选择水资源监测要素中的地表湖库水体边界（面积）和土壤含水率两个方面的水资源监测参数开展多星动态组网研究。

针对特定的水资源承载风险因子，比如水域面积、建成区面积，建立观测任务，从多星源集合 S 中选择卫星传感器组合 X，使得 X 中拥有相应观测能力（对地覆盖率、完成时间、时间分辨率、卫星图像性价比、监测精度）的多星源能够协同完成。通常水资源监测任务 T 涉及一个包含多要素的观测需求集合 $R = \{r_1, r_2, \cdots, r_n\}$，如 r_i [$i \in (0, n)$] 可以为空间覆盖率、观测时间、空间分辨率等。考虑的要素越多（即集合 R 的基数 n 越大），观测组合求解越困难。

多源卫星传感器组网观测水资源承载力要素的基础问题模型为

$$f_i(X) = \begin{cases} 0 & v_i X < r_i \\ 1 & v_i X \geqslant r_i \end{cases} \tag{5-8}$$

其定义如下：

（1）输入条件 $R = \{r_1, r_2, \cdots, r_i, \cdots, r_n\}$：$R$ 为水资源观测任务 T 对应的观测需求集合，r_i 为不同的单项观测要素。

$V = [v_1, v_2, \cdots, v_m]^T$：$V$ 待组网观测的卫星传感器集合所拥有的 m 项观测能力的性能矩阵。$v_i = \{v_{i1}, v_{i2}, \cdots, v_{in}\}$：$v_i$ 代表 n 颗卫星传感器在特定相同观测性能 i 上的值集。

（2）输出结果。$X = [x_1, x_2, \cdots x_i, \cdots, x_n]$（$x_i \in \{0, 1\}$）：$X$ 为多源卫星组网方式，其中 x_i 取 0 时表示不选用卫星 T，取 1 时则表示选用 T。

（3）性能评定。要评定所输出的观测组网 X 的优劣程度，首先要对 X 的任务适应度进行评定。

$f_m(X)$ 为待评定组合 X 在特定观测要素 r_m 上的适应度；w_m 为观测要素 r_m 在水资源要素观测中所占比重。针对"明确"与"模糊"的观测任务要求，观测组合评定过程如下：

1）确定待评定对象与观测要素 r_m 的定型或定量需求。首先，假设卫星组合 X 中有 t 个卫星，则 X 的组合方式有 $2^t - 1$ 种。不同的组合体现在向量 $X = [x_1, x_2, x_3, \cdots, x_i, \cdots, x_t]$ 中 x_i [$i \in (0, t)$] 的取值不同，当 x_i 取值为 1 时，表示传感器 i 为组合成员；若为 0 时，表示 i 为非组合成员。其次，明确观测任务需求集合 $R = \{r_1, r_2, \cdots, r_i, \cdots, r_m\}$ 中 r_i [$i \in (0, m)$] 的值，若 r_i 对应的要素为空间分辨率，且指定 r_i 取值为

250m，则该观测需求为"明确"；若 r_i 被要求是 max（即越高越好）或 min（越低越好），则该观测任务需求为"模糊"。

2）确定 X 在水资源监测中的观测性能矩阵及单项观测性能计算方式。$\mathbf{V}$ 为性能矩阵，v_{ij} 表示第 j 颗卫星在第 i 项性能的观测能力定量值。

$$\mathbf{V}=\begin{bmatrix} v_{11} & v_{12} & v_{13} & v_{1n} \\ v_{21} & v_{22} & v_{23} & v_{2n} \\ \vdots & \vdots & \vdots & \vdots \\ v_{m1} & v_{m2} & v_{m3} & v_{mn} \end{bmatrix} \tag{5-9}$$

单项观测性能的计算如下：

$$v_i X = v_{i1}x_1 + v_{i2}x_2 + v_{i3}x_3 + v_{in}x_n \tag{5-10}$$

式中符号"＋"的逻辑运算有以下几种情形：直接求和、去重求和、取最大或最小。

3）确定单项评定得分。若任务 T 对观测要素 r_i 需求明确，即 r_i 取值可量化，则有

$$f_i(X)=\begin{cases} 0 & v_i^* X < r_i \\ 1 & v_i X \geqslant r_i \end{cases} \tag{5-11}$$

式中：$v_i^* X$ 为组合在观测要素 r_i 上的完成情况；$v_i X < r_i$ 表示组合为达到 r_m 的要求，因此该项性能评定值为 0；$v_i X \geqslant r_i$ 时，说明此组合能够按照需求 r_i 完成任务，因此该项性能评定值为 1。

若任务 T 对观测要素 r_i 需求"模糊"，即 r_i 取值只能定型化，则评定值计算方法为

$$f_i(X)=\frac{\text{Rank}(v_i^* X)}{2^{n-1}} \tag{5-12}$$

2. 实验分析

针对河库水体形状及面积遥感动态监测，开展多星组网实验，实验星源为 GF-1、AQUA_MODIS、Sentinel、GF-6 等 4 颗卫星。在该实验中，水资源观测任务需求 R 考虑的观测要素 r_i 主要包括观测时间、目标覆盖率、空间分辨率。河湖水体监测任务卫星传感参数和任务需求见表 5-9 和表 5-10。

表 5-9   河湖水体监测任务卫星传感器参数表

卫星-传感器名称	空间分辨率/m	覆盖率/%	卫星-传感器名称	空间分辨率/m	覆盖率/%
GF-1	2	70	Sentinel	5×20	40
AQUA_MODIS	250	70	GF-6	2	80

在河湖水体边界和形状遥感监测中，主要关注时间、分辨率和覆盖率，权重设置见表 5-11。

表 5-10   河湖水体监测任务需求表

时间 T	分辨率 R	覆盖率 C
尽早	<100m	max

表 5-11   权 值 设 置 表

时间 T	分辨率 R	覆盖率 C
0.2	0.3	0.5

根据以上权重，获得卫星组网方式的河湖水体面积多星组网方案综合评价结果见表 5-12。

表 5 - 12   河湖水体面积多星组网方案综合评价结果

时间 T	分辨率 R	覆盖率 C	综合评价分	卫星组网方式
0.786	1	0.764	0.862	GF_1, GF_6, Sentinel1
0.714	1	0.724	0.812	GF_1, GF_6, Sentinel2
0.762	0.771	0.798	0.777	GF_1, GF_6, MODIS

5.2.3 水资源承载风险遥感监测指标研究

参照其他相关对水资源承载风险监测指标的研究成果,将水资源承载风险指标分为遥感直接观测指标和间接观测指标两类。直接观测指标包括水域面积、水体水质和建成区面积等,他们均为本章提出的水资源承载风险因子中可直接用遥感技术进行观测的指标;间接指标则包括湖库蓄水量、江河源区积雪、地下水、灌溉面积等,他们主要服务于水资源承载力监测中的水资源量、地下水量等指标的评价。各类指标的具体情况分述如下。

5.2.3.1 直接观测指标

1. 水域面积

水域面积的提取方法包括水体指数法、面向对象法等多种方法,此处以水体指数法为例进行介绍。水体指数法是用遥感影像的特定波段进行归一化差值处理,以凸显影像中的水体信息。将多波段遥感影像进行运算后获取新的指数影像,在指数图像中设定阈值,提取水体范围。

目前,对水体指数构建的形式有很多,但基本原理都是采用波段比值运算的方法达到突出水体、削弱非水体的目的,对于只有蓝、绿、红、近红波段的 GF - 1、HJ1 - A/HJ1 - B等数据源,可用归一化差异水体指数(NDWI),利用水体在绿波段和近红波段吸收和反射的反差进行水体自动提取,公式如下:

$$NDWI = (T2 - T4) / (T2 + T4) \qquad (5-13)$$

$$NDWI > \alpha \qquad (5-14)$$

式中:$T2$、$T4$ 为第二、第四波段灰度值;α 为阈值。

对于 GF - 1 数据,还可用 GF - 1 水体指数(GF1_WI),利用蓝波段和近红波段吸收和反射的反差突出水体,计算公式如下:

$$GF1\_WI = (T1 - T4) / (T1 + T4) \qquad (5-15)$$

$$GF1\_WI > \alpha \qquad (5-16)$$

式中:$T2$、$T4$ 为高分 1 号第一、第四波段灰度值;α 为阈值。

对于有中红外波段的 TM 数据,可用修正的归一化差异水体指数(MNDWI)进行水体提取,用中红外波段代替 NDWI 中的近红外波段,进一步加大水体与其他地物分类的差距。计算公式如下:

$$MNDWI = (T2 - T5) / (T2 + T5) \qquad (5-17)$$

$$MNDWI > \alpha \qquad (5-18)$$

式中:$T2$、$T5$ 为 TM 影像的第二、第五波段灰度值;α 为阈值。

设定水体的指数阈值,影像上满足阈值条件的区域,可判定为水体。

水体指数法水体范围提取流程如图 5-5 所示。

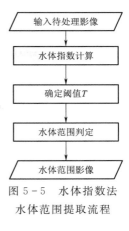

图 5-5 水体指数法
水体范围提取流程

2. 水体水质

在利用遥感数据进行水体水质监测时，一般可监测的指标包括叶绿素 a 浓度、浊度和总悬浮物浓度。本小节以叶绿素 a 浓度为例介绍水体水质指标遥感监测的实现。

叶绿素 a 浓度反演模型一般是利用卫星遥感影像的特定波段或波段组合，建立影像光谱特征与水体叶绿素 a 浓度的转换关系。对于不同的叶绿素 a 浓度反演模型，其最佳反演波段不尽相同。在反演中可利用地面实测水体光谱数据或地面采样点对应卫星影像离水辐射率数据与地面实测水体叶绿素 a 浓度进行相关关系分析，获取一阶微分模型和波段比值反演模型的最佳特征波段。对于一阶微分模型而言，对卫星获取离水辐射率数据或地面实测水体光谱数据进行一阶微分处理，然后将其与实测叶绿素 a 浓度进行相关分析，将最大正相关和最大负相关的波段选为特征波段。对于波段比值模型而言，对卫星获取离水辐射率数据或地面实测水体光谱数据，通过分析不同的波段比值组合与叶绿素 a 浓度的相关性，寻找相关性最大的组合作为特征波段组合。

一阶微分算法公式：

$$R(\lambda_i)' = \frac{R(\lambda_{i+1}) - R(\lambda_{i-1})}{\lambda_{i+1} - \lambda_{i-1}} \tag{5-19}$$

式中：λ_{i+1}、λ_i、λ_{i-1} 为相邻波长；$R(\lambda_i)'$ 为波长 λ_i 的光谱一阶微分值。

波段比值算法公式：

$$R = \frac{R_i}{R_j} \tag{5-20}$$

式中：R_i 和 R_j 代表光谱仪在水体样本点实测或卫星影像获取的波段 i 和 j 处的离水辐射率。

相关系数计算公式：

$$r = \frac{\sum_{i=1}^{n}(R_i - \overline{R})(\mathrm{Chla}_i - \overline{\mathrm{Chla}})}{\sqrt{\sum_{i=1}^{n}(R_i - \overline{R})^2 \sum_{i=1}^{n}(\mathrm{Chla}_i - \overline{\mathrm{Chla}})^2}} \tag{5-21}$$

式中：R_i 为样本点离水辐射率的一阶微分和波段比值，Chla_i 为样本点实测水体叶绿素 a 浓度；$\overline{R}$ 为样本点离水辐射率一阶微分和波段比值的平均值；$\overline{\mathrm{Chla}}$ 为样本点实测水体叶绿素 a 浓度平均值。

相关系数光谱特征提取算法的计算流程如图 5-6 所示。

3. 建成区面积

通过构建 NDBI 指数来识别城镇化区域，以达到对城镇化监测的目的。NDBI 指数源于对归一化植被指数（NDVI）的深入研究和分析。NDVI 提取植被的原理是：TM 影像中，植被灰度值在 TM3、TM4 波段之间呈上升走势，而其他地物灰度值则表现出下降的

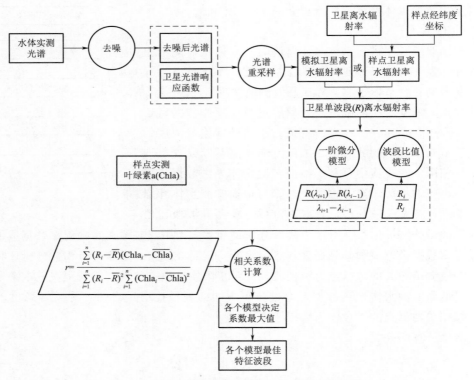

图 5-6 相关系数光谱特征提取算法的计算流程

走势。这样一来，TM4、TM3 两波段灰度值的和与差的比值大于 0 的都是植被，反之，则是其他地物。研究发现，城镇用地灰度值表现出和植被灰度值相似的规律：城镇用地灰度值在 TM4 和 TM5 之间呈增高趋势，而其他地灰度值呈降低趋势。

$$NDBI = \frac{p(MIR) - p(NIR)}{p(MIR) + p(NIR)} \tag{5-22}$$

式中：NIR 为近红外波段；MIR 为短波红外波段。

NDBI 值在 -1 至 1 之间变化，城镇用地的 NDBI 值大于 0，非城镇用地的 NDBI 值小于 0，利用这一原理，实现城镇用地的自动提取。

影像指数法建成区面积提取流程如图 5-7 所示。

5.2.3.2 间接观测指标

1. 湖库蓄水量

对湖库蓄水量的监测需要用到水面面积遥感监测的结果，同时辅湖库地形特征概化描述信息，构建湖库面积—蓄水量关系，再由水面面积推算得到湖库蓄水量。基于湖盆地形相似特征的湖泊水储量估算方法示意图如图 5-8 所示。

通过分析和构建湖库水面以上高程、平面面积、体积增量之间的函数关系来推导出水面以下水量与对应水面面积之间的数值关系模型，步骤如下：

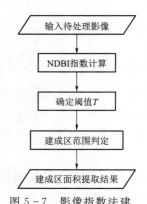

图 5-7 影像指数法建成区面积提取流程

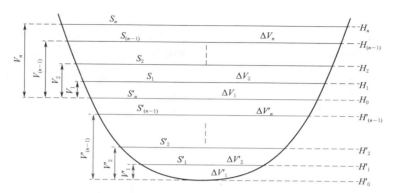

图 5-8 基于湖盆地形相似特征的湖泊水储量估算方法示意图

  首先，以单个湖盆 DEM 数据为基础，计算湖面 H_0 以上不同高程参考平面的表面积 S_i（$i=1,2,3,\cdots,n$），建立面积 S_i 与高程 H_i 的函数关系。其次，计算湖面以上不同高程参考平面以下的湖盆地形的体积 V_i（$i=1,2,3,\cdots,n$），利用式（5-23）计算单位高程增加对应的体积增量 ΔV_i（$i=1,2,3,\cdots,n$），建立面积 S_i 与体积增量 ΔV_i 的函数关系。

$$\Delta V_i = V_i - V_{(i-1)} \qquad (i=1,2,3,\cdots,n) \tag{5-23}$$

  假设体积增量为 0 时对应的面积为湖底表面面积，通过面积与高程的函数关系可近似求得湖底高程 H'_0。以湖底高程为起始高程，利用面积与高程函数关系、面积与体积增量函数关系等间距剖分至湖面 H_0，可得到水面以下不同水位对应的湖泊面积与体积增量数据对（$S'_i, \Delta V'_i$）（$i=1,2,3,\cdots,n$）。利用式（5-24）将体积增量逐级累加得到水面以下不同水位对应的湖泊体积 V'_i（$i=1,2,3,\cdots,n$），利用不同水位对应的水面面积与体积数据对（S'_i, V'_i）（$i=1,2,3,\cdots,n$），即可建立湖泊水面面积 S'_i 与体积 V'_i 的函数关系：

$$V'_i = \Delta V'_i + V'_{(i-1)} \qquad (i=1,2,3,\cdots,n) \tag{5-24}$$

  湖泊蓄水量估算模型构建流程如图 5-9 所示。

  2. 江河源区积雪

  积雪监测包括积雪覆盖与雪水当量两部分。积雪覆盖监测基于 MODIS（中分辨率成像光谱仪）每日 500m 反射率数据进行。对下载的 MODIS 数据进行标准化预处理，包括镶嵌、重投影、重采样、裁剪、波段组合。在非林区积雪覆盖监测的过程中，利用 DEM 和 NDSI 识别永久积雪，建立每日永久积雪的平均 NDSI 值与 MODIS 积雪识别最佳 NDSI 阈值的回归模型。利用永久积雪 NDSI 值的变化，建立动态的 NDSI 阈值进行积雪覆盖面积的二值数据提取。

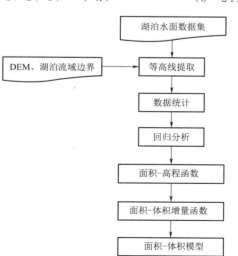

图 5-9 湖泊蓄水量估算模型构建流程

通过 NDSI 与积雪覆盖度的关系模型 [$FSC = (1.45NDSI - 0.01) \times 100$]，估算积雪的覆盖度，形成每天 500m 网格的积雪覆盖度产品。在林区积雪面积监测的过程中，建立 MODIS 积雪识别 NDFSI 阈值与常绿林覆盖度、落叶林覆盖度及混合林覆盖度的函数关系，根据林地覆盖度，确定动态变化的 NDFSI 阈值。由于云覆盖的影响，利用上下午卫星时序过程的时空重建，实现每日的积雪覆盖监测。

雪水当量估算基于国产卫星 FY-3C 每日 25km 的 MWRI（微波成像仪）数据进行。利用 MODIS 近红外波段反射率 LN 函数的变化来表征积雪粒径对当量反演结果的影响。利用由 500m 积雪覆盖度产品通过像元聚合而成的 25km 分辨率的积雪覆盖度产品来表征混合像元对积雪覆盖度产品的影响，建立 25km 尺度积雪深度反演的模型，并分解 25km 的积雪覆盖度，得到 500m 尺度的积雪深度反演模型。在建立的积雪深度反演模型的基础上，利用积雪密度参数反演雪水当量。在上述基础上，考虑不均匀下垫面的影响，主要利用植被覆盖度进行当量反演的修正。利用升降轨 MWRI 数据和时序数据进行雪水当量时空重建，形成每日 500m 网格的雪水当量产品。

对江河源区积雪的监测方案包括数据采集、数据处理、野外数据标定、积雪覆盖监测、时空数据重建、混合像元/粒径/下垫面模式下积雪当量反演等实施过程。积雪遥感立体监测技术流程如图 5-10 所示。

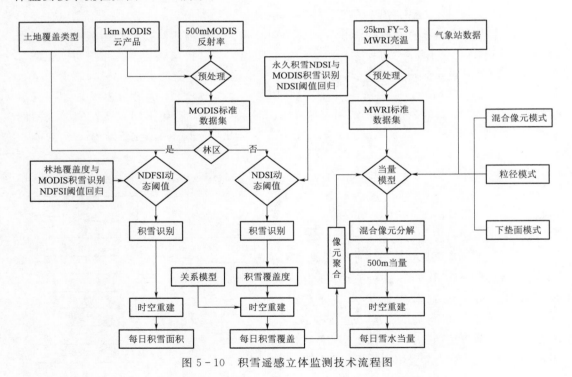

图 5-10　积雪遥感立体监测技术流程图

3. 地下水

GRACE 重力卫星通过感知地球重力场来监测地球表面及内部质量分布的时空变化。这里综合采用球谐系数、MasCon（Mass Concentration）GRACE 数据进行陆地水储量

（TWS）变化反演，结合 GLDAS、WGHM 等陆面模式、水文模型，以及地面观测数据，剔除 TWS 其他组分，获得地下水储量变化（GWS）。GRACE 获得的 GWS 通过地面水井观测等进行对比验证。地下水遥感反演技术路线如图 5-11 所示。

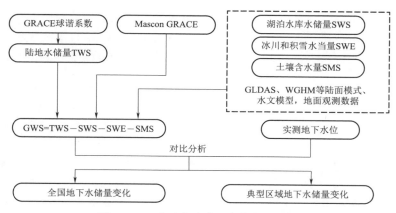

图 5-11　地下水遥感反演技术路线图

4. 灌溉面积

灌溉面积属于社会经济系统中水资源承载力的监测指标，对灌溉面积的有效监测，可服务于农业用水的估算，对水资源承载风险评估有重要意义。在灌溉面积的监测过程中，还需要用到土壤含水量、降水量和播种面积等数据。

灌溉面积动态识别技术主要分为土壤含水量反演、土壤含水量的数据融合、降雨数据、灌溉区域提取等部分。首先，基于遥感影像反演土壤含水量的方法获取试验区的土壤含水量变化，一般基于 MPDI 计算土壤含水量的线性回归、并利用 Noah 模型等方法进行反演；其次，通过 MODIS 等数据源进行融合，获取逐日的土壤含水量数据产品；再次，基于尺度转换对较低分辨率的降雨数据进行降尺度，获取逐日、逐旬的累计数据；最后，结合土壤含水量与降水量数据的结果进行灌溉区域的提取，完成灌溉面积的识别。

（1）播种面积计算。基于高分数据，对目标灌区的种植结构进行解译，获取灌区高分辨率的不同作物的种植面积，进而用来对灌溉面积的分析进行验证。

（2）土壤含水量计算。利用以地面站点观测资料为验证的 GF 系列光学卫星数据和 MPDI 算法计算高分辨率的灌区土壤含水量数据。在此基础上，结合 MODIS 数据获取逐日的土壤含水量产品，并与高分辨率的结果进行融合，得到灌区融合后的逐日土壤含水量结果。

（3）降水量数据转换。将采集的 GPM 或 CLDAS 降水量数据，进行空间降尺度处理，得到千米尺度的灌区逐日降水量产品，并对逐旬降水量进行计算，进而为识别灌溉面积做好准备。

（4）灌溉面积识别。分析灌区内土壤含水量的变化，即在没有明显降雨情况下，灌区的土壤含水量明显升高的区域即为灌溉发生的地区。最终，利用高精度的播种面积数据对灌溉发生区域进行验证。

灌溉面积识别技术框架如图 5-12 所示。

5.2.4 水资源承载风险监测布局方案

针对 5.2.3 小节中描述的水资源承载风险因子，分别开展监测布局研究，以实现对水资源承载风险的动态监测，并为国家水资源承载风险的年尺度评价提供数据支撑。以下将对各监测指标按照承载体和承载对象的分类分别进行阐述。其中，承载体主要是指自然水文循环系统，包括水资源、水环境、水生态等要素；承载对象则主要把控人类生活生产活动，包括人口集聚、农业开发、城镇建设等。

5.2.4.1 承载体的监测布局方案

1. 水域面积监测

为实现对全国范围大中型湖库水域面积的月尺度动态监测，需收集全国（至少重点监测区域）GF-1 16m WFV 数据每月 1 次全覆盖，全国 GF-1 2/8m PMS 数据每年 1 次全覆盖。

GF-1 WFV 数据在天气条件较好时，在 1 个月内可覆盖我国大部分区域。为提高 30 日内覆盖重要水源地的保证程度，拟以 HJ-1A/B 数据和 GF-4 等数据为补充，进行我国湖库型地表水源地水体面积监测。

需要利用以下数据组合为水源地监测提供影像数据支撑。

以国产卫星 GF-1 WFV 为主，以 HJ-1A/B 和 GF-4 为辅进行日常的遥感监测，使用 GF-1 PMS 和 GF-2 卫星影像进行精度验证、监测重点研究区以提升精度。水源地水体遥感监测方案如图 5-13 所示。

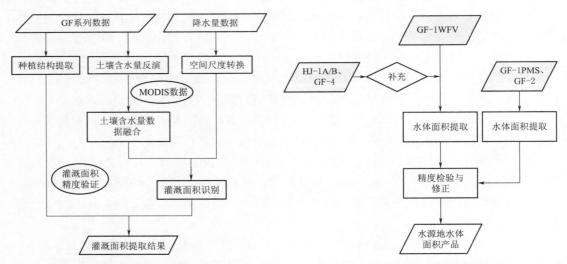

图 5-12　灌溉面积识别技术框架　　　　图 5-13　水源地水体遥感监测方案

2. 水体水质监测

在水体水质的遥感监测中，对光谱的筛选和组合主要集中在绿光、红光和近红外波段。因此，在监测时需要以 GF-1 卫星为基础，来实现全国每月 1 次的全覆盖。同时，以 GF-5 为辅开展日常的遥感监测。使用 Sentinel 卫星影像进行精度验证、监测重点研究区以提升精度。水体叶绿素 a 浓度遥感监测方案如图 5-14 所示。

3. 降水量监测

对全国降水量的动态监测，选用 CLDAS、GPM 等降水产品来进行。与其他利用遥感影像反演得到的水资源承载风险因子的监测不同，降水数据产品为全球尺度数据。GPM 数据精度较高，且在时间上最高可提供间隔 3h 的降水数据，因此可满足对全国月尺度的统计及年尺度汇总的需求。

4. 湖库蓄水量监测

根据水源地蓄水量监测的业务需求，需在每月 1 日进行水源地蓄水量的汇总统计，当业务统计日地面监测数据不能获取时，需以遥感监测辅助进行湖库蓄水量分析。同时，为实现对全国重点湖库的年尺度汇总，也需要每月获取全国重点湖库的蓄水量监测数据。

对湖库蓄水量的监测，需要以对湖库水面面积的监测成果作为输入。对湖库水面面积的监测，可按对水域面积的监测方案实施。同时，为实现对湖库蓄水量的遥感监测，除使用到遥感影像数据外，还需地面观测数据作为补充，主要是指地面高程数据。地面高程数据可选用数字高程模型（DEM）数据，京津冀地区的 DEM 数据示例如下。在湖库水面面积和地面高程信息的基础上，可对重点湖库进行蓄水量的分析计算。

5. 江河源区积雪监测

对江河源区的积雪监测，采用 MODIS 监测积雪面积，利用 FY-3 的亮温数据估算雪水当量。MODIS 数据的重访周期为 1 天，因此该数据可以满足对全国尺度每月覆盖一次的需求。

为实现对江河源区积雪的遥感监测，除使用到遥感影像数据外，还需其他地面观测数据作为补充，主要包括土地覆盖类型、气象站数据等。总体上，对江河源区积雪的监测需要以下数据组合来提供支撑。江河源区积雪监测方案见图 5-15。

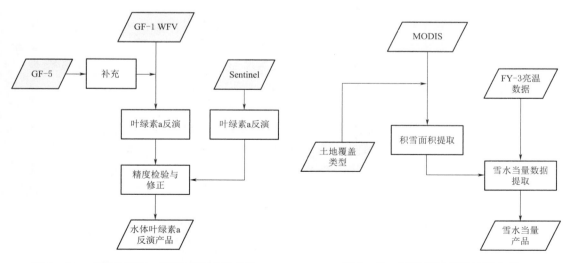

图 5-14　水体叶绿素 a 浓度遥感监测方案　　　　图 5-15　江河源区积雪监测方案

6. 地下水监测

对全国地下水储量的动态监测,采用 GRACE 卫星的数据产品进行。与降水数据类似,GRACE 卫星数据为全球尺度产品,基于该数据可实现对全国范围年尺度的地下水储量变化监测。由于地下水储量变化的特殊性,一般遥感影像数据难以直接观测,因此不采用其他遥感影像数据作为补充。

5.2.4.2 承载对象的监测布局方案

1. 建成区面积监测

建成区面积在月尺度上变化较小,在遥感监测的覆盖能力上以每年完成一次全国范围的覆盖为目标。分析 Landsat8 卫星影像 30m 数据在 2 个月内的覆盖能力,结果如图 5-16 所示。

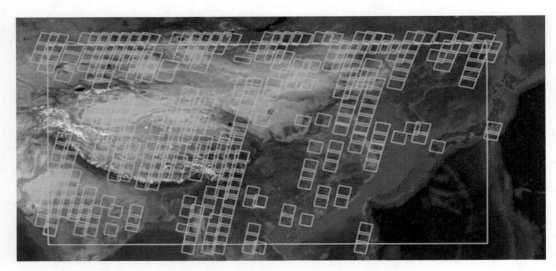

图 5-16 Landsat8 卫星影像 2 个月覆盖我国范围示意图

Landsat8 卫星影像数据,在天气条件较好时,预计在 1 年内可覆盖我国大部分区域。为提高 1 年内覆盖我国城市建成区的保证程度,拟以 Sentinel 等数据为补充,进行我国建成区面积监测。

需要以下数据组合为建成区面积监测提供影像数据支撑,如图 5-17 所示。

2. 灌溉面积监测

从对灌溉面积监测的计算方法中可知,对灌溉面积的监测主要是以高分系列数据为基础,分析 MPDI 和植被指数的变化,来实现对全国范围重点灌区灌溉面积的动态监测。为此,需收集全国 GF-1 16m WFV 数据每月 1 次全覆盖。同时,为提高 30 日内覆盖重要灌区的保证程度,拟以 HJ-1A/B 数据和 GF-4 等数据为补充,进行我国重点灌区的灌溉面积监测。

需要利用以下数据组合为灌溉面积监测提供影像数据支撑:以国产卫星 GF-1 WFV 为主,以 HJ-A/B 和 GF-4 为辅进行日常的遥感监测,同时需要 MODIS 数据产品支撑;使用 GF-1 PMS 和 GF-2 卫星影像进行精度验证、监测重点研究区以提升精度。灌溉面积监测数据需求如图 5 - 18 所示。

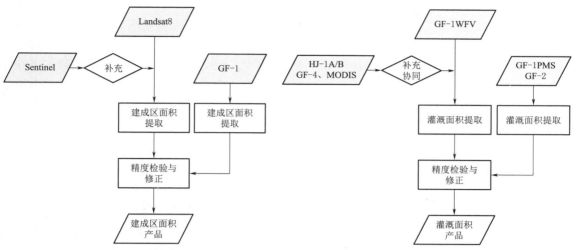

图 5 - 17　建成区面积监测数据需求　　　　图 5 - 18　灌溉面积监测数据需求

在对水资源承载风险布局方案进行优化的基础上，提出了各监测指标的数据源，见表 5 - 13。

表 5 - 13　　　　　　　　　　　　各监测指标的数据来源

产　品　名　称	数　据　来　源	覆盖范围	频次要求
降水量监测产品	CLDAS、GPM 等	全国	月
江河源区积雪监测产品	MODIS、FY-3 等	全国	月
地下水监测产品	GRACE	全国	月
蒸散发监测产品	MODIS、Landsat8	全国	日
土壤含水量监测产品	GF-1、GF-6、HJ-1A/B、Sentinel1	全国	旬
大型湖库水色产品	GF-1、GF-6、GF-5、Sentinel2	全国	月
水体面积监测产品	GF-1、GF-4、HJ-1A/B	全国	月
河道连通性监测产品	GF-2	全国	年
植被覆盖监测产品	GF-1、GF-6	全国	月
建成区面积监测产品	GF-1、GF-6、Landsat、Sentinel	全国	月
播种面积监测产品	GF-1、GF-6	全国	月
湖库蓄水量监测产品	水体面积	全国	月
灌溉面积监测产品	土壤含水量、降水量、播种面积	全国	月
农业需水与用水监测产品	土壤含水量、降水量、蒸散发等	全国	月

5.3　国家水资源承载风险遥感动态监测系统总体设计

在对水资源承载风险监测指标的监测需求和监测方案研究的基础上，开展国家水资源承载风险遥感动态监测系统总体设计研究，形成国家水资源承载风险遥感动态监测系统总体建设方案。该方案从整体上对监测系统的建设目标、总体框架、总体功能及接口、最终的输出产品进行阐述，进而指导国家水资源承载风险遥感动态监测系统的整体建设。从内容上来讲，总体方案包含了监测系统的总体结构和信息获取体系、网络传输体系、数据管理体系、应用服务体系和保障支撑体系等方面的具体设计，进一步细化了监测系统各项内容的建设规范。本节将给出监测系统的总体方案，下一节介绍依据该方案建设的国家水资源承载风险遥感动态监测系统原型。

5.3.1　建设思路和原则

5.3.1.1　建设思路

考虑到国家水资源承载风险遥感动态监测系统是为全国水资源承载风险评价和评估服务的，而水资源承载风险指标一般是在年尺度上对全国进行评价。因此，该系统建设对水资源承载风险因子的监测以月尺度监测为基础，并做年尺度的汇总，以满足各监测指标的年度评价要求。

为了保证系统建设的顺利进行，必须坚持"协同开发，统一框架""充分利用现有资源，适当考虑可扩展性"的设计思路。

（1）协同开发，统一框架。国家水资源承载风险遥感动态监测系统拟在水利部信息中心开展部署和建设，遥感数据的接收和数据存储等部分基础配套设施计划沿用国家水利大数据中心的建设成果，因此在系统建设的过程中需与国家水利大数据中心的总体架构相协调。

（2）充分利用现有资源，适当考虑可扩展性。监测系统的建设要充分利用国家水利大数据中心已有的基础设施，一方面，要尽量保证让已有系统发挥作用，使水资源承载风险遥感动态监测系统在利用国家水利大数据中心建设的基础设施之后能提高效率，避免重复资源的建设；另一方面，尽量考虑将来系统数据资源扩展、补充和功能优化、性能提升的需要。

5.3.1.2　建设原则

（1）先进性原则。系统在设计思想、系统架构、采用技术上均采用国内外已经成熟的技术、方法、软件、硬件设备等，确保系统有一定的先进性、前瞻性、扩充性，符合技术发展方向，延长系统的生命周期，保证建成的系统具有良好的稳定性、可扩展性和安全性。

（2）高效性原则。系统运行、响应速度快，各类数据组织合理，信息查询、更新顺畅，而且不因系统运行时间长、数据量不断增加而影响系统速度。降低数据维护成本和提高数据管理效率。

（3）可靠性原则。必须在建设平台上保证系统的可靠性和安全性，因而设计中可有适量冗余及其他保护措施，平台和应用软件应具有容错性、稳健性等。

系统必须有足够的健壮性，在发生意外的软硬件故障、操作错误等意外情况下，一方面能够保证回退，减少不必要的损失；另一方面能够很好地处理意外情况并给出错误报告。

（4）标准化与开放性原则。开发过程中要遵从整个原型系统的设计标准，在统一的标准规范下开发，方便系统的集成。

（5）易用性原则。该系统的设计需要充分考虑用户特点，力求软件界面友好，结构清晰，流程合理，功能一目了然。系统的操作以充分满足用户的视觉流程和使用习惯为出发点，保证系统易理解、易学习、易使用、易维护、易升级。

为适应不同专业用户的要求，软件应该具备方便、友好的操作界面。此外，部分功能软件自动运行，不需要人工干预。

系统必须具备保障维护功能简便、快捷、人机界面友好等特点，数据管理策略能够进行配置和修改，尽量减少维护工作，降低维护的难度。

5.3.2 系统建设目标

面向水资源承载风险评价和水安全保障能力建设的要求，基于水资源承载风险监测体系布局的分析成果和水资源承载风险因子的遥感监测方法，研究面向国家水资源承载风险遥感动态监测的信息获取体系、网络传输体系、数据管理体系、应用服务体系及保障支撑体系。在此基础上，提出国家水资源承载风险遥感动态监测系统的总体建设方案，支撑形成对气候变化、人类活动等引起大尺度水资源、环境、生态风险的预警能力。

5.3.3 建设任务

国家水资源承载风险遥感动态监测系统，依托水利大数据中心的建设成果，围绕数据采集、数据管理、应用服务及支撑保障4个方面进行建设。

（1）数据采集。数据采集包括数据信息的获取和数据传输两方面，数据类型包括在线下载数据、外部共享数据和实测数据3类。为提高水资源承载风险监测的工作效率，针对数据需求中可直接在线下载的数据源，建设遥感数据信息的在线获取体系，实现按照监测时间和范围对多源遥感数据的检索及下载。外部共享数据主要包括中国资源卫星应用中心、水利部信息中心等相关部门共享的数据资源，需针对此类数据建设数据传输体系，以方便对外部数据的汇集。对实测数据的采集，则由平台用户自行采集后按要求录入系统数据库。

（2）数据管理。数据管理方面，在功能上主要实现对系统汇集数据资源的浏览、查询、维护、导出等操作。此外，还应按照统一的规则对系统汇集数据的元数据进行编目，实现对全体数据的统一检索。

（3）应用服务。应用服务部分的建设包括实现对系统汇集的遥感影像数据的处理模块、水资源承载风险因子的监测模块和专题数据产品的生产模块等内容。其中，水资源承载风险因子的监测又可分为两个层面，一类是通过遥感反演得到的监测产品，主要是指可直接用遥感手段监测的水资源承载风险指标；另一类是在遥感监测成果的基础上继续加工得到的水利业务数据产品，主要是指水资源承载风险因子中的水资源量、农业用水等可用遥感监测辅助分析的指标。

（4）支撑保障。支撑保障方面的建设包括通用类的系统支撑体系建设及系统安全层面的保障建设两部分。其中通用类支撑包括用户统一管理、系统运维、数据访问接口等方面的建设；系统安全层面的建设包括系统安全、数据安全及应用安全等方面的保障措施。

5.3.4　总体框架设计

在水资源承载风险指标体系研究成果的基础上，国家水资源承载风险遥感动态监测系统围绕水资源风险因子的监测和评估方法集成、数据采集和管理、监测产品生产等内容开展建设。国家水资源承载风险遥感动态监测系统总体框架如图 5-19 所示。

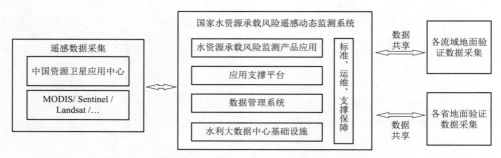

图 5-19　国家水资源承载风险遥感动态监测系统总体框架

国家水资源承载风险遥感动态监测系统在水利部水利大数据中心建设基础上，通过汇集在线下载的遥感影像数据、外部单位共享的遥感数据、各流域及各省份采集的地面验证数据，满足水资源承载风险因子遥感监测产品生产与流域、省级数据交换共享的需求。

在充分整合当前多源监测数据的基础上，构建数据资源丰富、标准规范统一的水资源承载风险监测数据库。通过应用支撑平台的建设，对水资源承载风险因子的遥感监测模型进行集成，为水资源承载风险监测和评估提供监测产品。选取典型水资源承载风险监测指标，基于该监测系统的产品生产能力，进行水资源承载风险遥感动态监测示范应用。同时通过数据传输共享机制，实现对流域和省级相关单位的数据共享。

5.3.5　总体建设方案

5.3.5.1　信息采集体系建设方案

信息采集体系主要服务于遥感影像数据的接收和对地面验证数据的采集等环节。

依托水利大数据中心，由水利部信息中心负责接收高分系列影像数据资源；对于其他便于在线获取的遥感数据（如 MODIS 产品），通过开发自动下载工具的方式，定期对相关影像进行下载。

地面实测的验证数据等资源分为两类，一类是各省级行政区和流域监测的数据成果，通过网络传输存储到本地数据库；另一类是自行采集的地面验证数据，通过手动采集和导入的方式，导入到系统数据库。信息采集体系架构如图 5-20 所示。

5.3.5.2　数据传输体系建设方案

数据的传输体系主要包括实测数据向系统的汇集和监测系统分析的遥感监测结果向其他部门分发两个环节。其中，实测数据向系统的汇集，又可以分为对各流域机构及各省级行政区的监测数据的汇集。

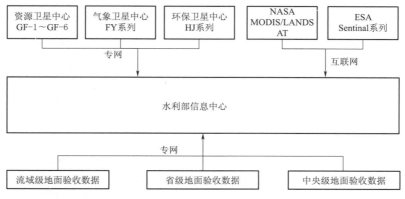

图 5-20 信息采集体系架构图

（1）实测数据向系统的汇集。流域管理机构的水利地面验证数据是国家水资源承载风险遥感动态监测系统重要的数据来源之一，系统对流域管理机构基础数据及实时监测数据的传输，主要基于水利大数据中心的数据共享汇集平台的数据采集成果。对各省级行政区的地面监测数据的传输，需分别配置数据交换前置机，通过数据交换软件将数据传输到该系统，进而实现对全国地面验证数据的汇集。

（2）遥感监测结果向其他部门分发。系统计算得到的各类水资源承载风险因子监测数据的分发，采用自上而下的分发方式。建立用户管理体系，对审核通过的用户申请，若监测数据满足用户需求，可由系统对监测数据进行智能化的任务分发。若系统生产的监测数据不满足用户的应用需求，数据生产者根据用户对数据的要求，对用户申请的数据进行管理，包括需求数据的抽取、数据包的制作、修改、备份、删除、提交审核及数据分发等功能。数据传输体系架构如图 5-21 所示。

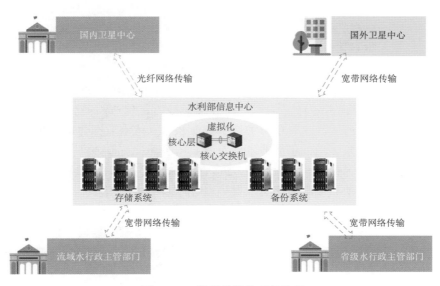

图 5-21 数据传输体系架构图

5.3.5.3 数据管理体系建设方案

数据管理体系主要包括对数据和产品的接入、归档和管理的设计，进而实现对多源遥感影像数据、地面验证数据的接入、归档和存储管理；对各类水资源承载风险专题产品的归档管理；归档数据和产品的检索和统计；实现数据迁移与恢复。

数据管理体系在模块功能上主要包括：多源数据接入模块、多源数据产品归档模块、数据产品检索模块、数据产品统计分析模块、数据迁移与恢复模块。数据管理系统功能模块组成如图 5-22 所示。

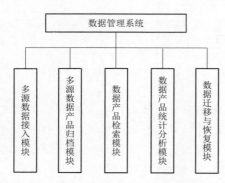

图 5-22 数据管理系统功能模块组成图

（1）多源数据接入模块。多源数据的接入包括对遥感数据及产品、再分析数据、地面验证数据等的接入。遥感数据接入模块负责接收来自水利大数据中心推送的高分系列数据，同时还包括对 MODIS、再分析数据等的在线下载。地面验证数据接入包括对各流域或省采集的地面实测数据的接入。

（2）多源数据产品归档模块。多源数据产品归档模块实现对接收到的遥感影像数据、水资源承载风险因子专题产品数据进行编目处理，以保障存档数据能够被快速、方便的查询、浏览、获取与应用。

（3）数据产品检索模块。数据产品检索模块为数据库中的全部数据资源提供多种查询方式，方便用户第一时间快速获悉各类影像数据、产品数据状态信息。

（4）数据产品统计分析模块。数据产品统计分析模块对数据库中存储的数据、在系统中流动的数据进行统计与分析，为系统的维护提供参考。

（5）数据迁移与恢复模块。数据迁移与恢复模块负责各类数据产品的长期存档，制定生命周期管理策略，实现数据自动迁移回调功能，并负责全部存档入库数据的备份还原，保障数据库在出现故障状况后的及时恢复，支撑应用系统正常业务运行。

5.3.5.4 应用服务体系建设方案

应用服务体系包括基本应用和专业应用两部分内容。其中，基本应用包括遥感数据的预处理模块（投影变换、图像增强、影像裁切等）；此外还包括专题图的制作模块（制图要素的添加、修改，专题图的保存等）。专业应用又分为遥感产品的生产和业务产品的生产两部分。其中，遥感产品的生产用来支撑水域面积、水体水质和建成区面积等指标的监测，监测成果可直接服务于国家层面的水资源承载风险评价。业务产品的生产，是针对水资源量、农业用水量、气候变化等无法用遥感直接观测的指标，通过对其组成要素的监测，间接来支撑水资源承载风险的评价。应用服务体系结构如图 5-23 所示。

1. **基本应用服务**

数据管理：主要实现对系统所汇集的多源数据的统一检索、数据导出、产品归档、统计分析等功能。对外部接入的数据，数据管理模块也应按照统一规则对外部遥感数据、地面验证数据进行编目和管理。

遥感影像处理：包括影像的辐射校正、几何校正、大气校正、图像增强、图像裁切、投影变换等功能，以支撑在此基础上的水资源承载风险指标的遥感反演。

视图管理：包括对遥感数据源、中间产品、遥感监测成果的浏览和展示，以及在数据浏览过程中所使用的视图窗口操作功能，如放大缩小、拖拽等功能。同时，还包括对遥感监测成果进行专题图的制作和生产，包括制图要素的编辑、专题图格式的设置和保存等。

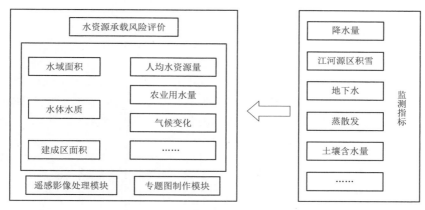

图 5-23　应用服务体系结构图

2. 专业应用服务

主要用来集成专业的遥感反演模型，对水资源承载风险指标进行计算，获取监测成果。专业应用服务模块在使用上具有相似性，此处以水域面积监测、水体水质监测和灌溉面积监测模块为例进行介绍。

水域面积监测：以 GF-1/2/4/6 等卫星数据为主要数据源，采用水体指数、面向对象、综合纹理等水体提取方法，对地表水体水域范围进行连续、快速、动态的监测与评价，输出水体水域范围监测专题产品，为区域水资源监测承载力评价相关因子的计算提供支撑。

水体水质监测：以高分系列影像为主要数据源，以 HJ-1 高光谱或多光谱数据为补充数据源，实现水体叶绿素 a 浓度、总悬浮物浓度、水体浊度 3 个主要水质参数及富营养化程度的动态遥感监测，补充地面水质监测数据，提高对水体水质空间差异情况的监测能力，提升对水质风险的发现与预警能力。

灌溉面积监测：以 GF-1/2/3/6 等卫星遥感数据为主，综合降水、农作物种植结构、土壤含水量遥感提取和反演结果，建立实际灌溉面积提取模型，动态生成灌溉面积遥感监测产品，支撑农业需水、农业用水的监测与分析。

5.4　国家水资源承载风险遥感动态监测系统原型建设

基于国家水资源承载风险遥感动态监测系统总体设计开展系统原型建设，定位是从整体上具备从监测数据采集到承载风险指标监测产品生产的能力，但不要求完全实现总体设计方案中各类体系建设的全部内容。具体来说，本书中系统原型建设的功能包括：①数据的采集和管理，其中含有外部接入数据（如高分系列影像）的入库管理、MODIS 等在线数据的自动下载及管理、地面实测验证数据的入库管理；②遥感影像的预处理，包括投影转换、裁切、几何校正等；③对已有遥感反演模型接口的开发和模块的集成，如利用已有的水域面积提取模块对系统中的遥感影像进行反演；④专题图的生产，即对监测成果进行专题图的制作和保存。以下对原型系统的建设情况做详细阐述。

5.4.1 原型系统总体设计

5.4.1.1 应用架构设计

国家水资源承载风险遥感动态监测系统开发的总体框架采用层次化设计思想，实现不同层次间的相互独立性，保障系统的高度稳定性、实用性、可扩展性。应用架构设计分为应用层、数据层、数据交互层。系统原型应用架构如图 5-24 所示。

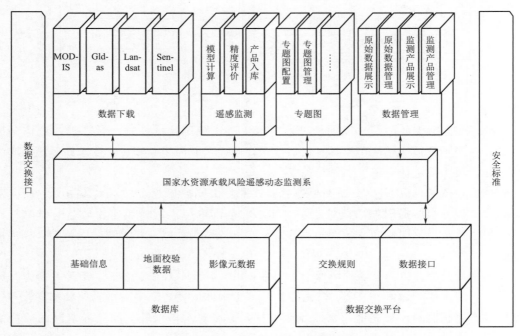

图 5-24 系统原型应用架构图

（1）应用层。应用层主要是信息化应用的软件实现及表现层。该层建立在数据基础之上，与具体应用需求相结合，开发并集成各类应用功能，包括主要遥感数据产品的下载功能，各类水资源要素的遥感反演与监测模块，遥感监测产品的专题制图模块，水资源承载风险要素全过程数据的管理模块等。

（2）数据层。数据层主要实现对实时推送数据、基础属性数据、空间数据统一存储管理，是为不同用户提供信息服务的各类环境信息的集合。

（3）数据交换层。数据交换层是整个数据来源的支撑平台。该层包括系统不同模块间数据交换的规则及数据访问的接口，保证系统不同模块间的互联互通。

5.4.1.2 数据架构设计

（1）数据架构设计的原则。数据架构设计需要对数据组织与管理形式进行统一考虑，遵循的设计原则包括：全面完整性、应用高效性、科学合理性、稳定可靠性、前瞻拓展性、灵活维护性、技术先进性。

（2）数据架构总体框架。数据架构总体框架标识了系统中的数据流向，将数据的存储管理与应用服务分开，系统将接收的外部数据资源汇集到数据库中，通过统一的接口对外提供服务。原型系统数据架构总体框架如图 5-25 所示。

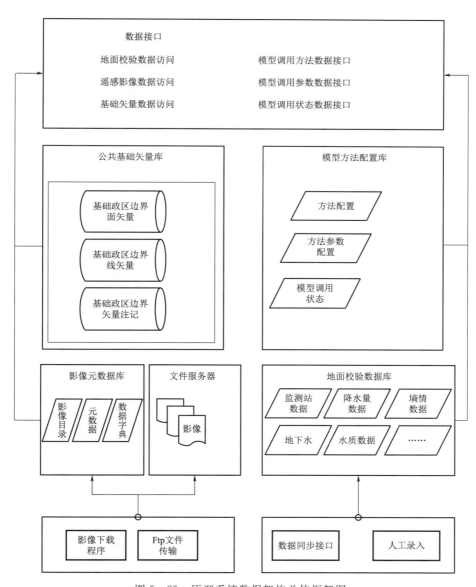

图 5-25 原型系统数据架构总体框架图

5.4.1.3　数据组织与存储设计

（1）数据组织管理机制。实现复杂、异构数据的一体化管理。空间信息服务原型系统的数据库存储的信息资源从总体上可以划分为属性数据、空间信息数据等。这些数据包括元数据、矢量数据、栅格数据。这些数据具有种类丰富、存储量大、结构复杂等特点，对这些海量异构数据进行高效存储与管理是应用系统能够有效运行的重要基础。

国家水资源承载风险遥感动态监测系统是一个要求高可靠运行的应用系统，对于数据库系统的高可靠性也具有极高的要求。

（2）存储数据类型。系统存储和管理的数据主要分为属性数据、矢量数据、栅格数据等空间数据。数据库负责对上述复杂数据进行统一存储和管理，为系统管理人员有效管理系统数据提供支持。

5.4.2　原型系统功能设计

5.4.2.1　数据管理和展示

（1）概述。数据管理模块基于文件系统和数据库系统，对高分系列、MODIS 等影像数据、图像处理产品、专题产品、地面实测数据（如水位、土壤含水量等）、基础地理空间数据等进行统筹管理，同时提供与高分水利遥感应用示范平台、（各水资源业务部门）水资源业务系统的接口，实现卫星遥感影像数据、业务数据的接入与专题产品的上传。

（2）功能组成。数据管理包括监测产品展示、监测产品管理、原始数据展示、原始数据管理 4 个功能模块。

5.4.2.2　遥感影像预处理

（1）概述。遥感数据预处理模块实现遥感影像数据的预处理，包括辐射校正、正射校正、影像融合、影像镶嵌等过程，最终按用户的需求，提供正射影像成果。系统提供两种形式的预处理服务：对于执行过程中不需要人工干扰的预处理功能对数据进行批量预处理；对于执行过程中需人机交互的预处理功能，研发成独立运行的 C/S 工具，供用户进行人工的预处理工作。

（2）组成。遥感数据预处理模块包括辐射校正、几何校正、影像融合、影像镶嵌、影像裁剪等功能。

（3）业务流程。根据不同数据源进行相对应的遥感数据预处理以达到国家水资源承载风险遥感动态监测业务的需求。遥感数据预处理业务流程如图 5-26 所示。

5.4.2.3　遥感监测模块

（1）功能概述。遥感监测模块基于获取的遥感影像和针对各监测指标的遥感观测模

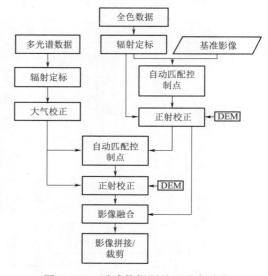

图 5-26　遥感数据预处理业务流程

型，开展针对各监测要素的遥感产品的生产。生产的产品包括水资源系统、生态环境系统和社会经济系统等方面的监测指标。生产过程主要是指对预处理的遥感影像及其他监测数据，选用相关的遥感监测模型并输入相关参数进行计算，同时结合地面实测数据进行校验，最终将监测产品统一进行入库管理。

（2）功能组成。遥感监测模块包括降水、湖库蓄水、江河源区积雪（周远刚等，2019）、蒸散发、地下水、土壤含水量、水体水质、水域面积、植被覆盖、荒漠化（李超，2019）、耕地面积、播种面积（柯映明等，2019）、需水与用水及建成区面积（袁牛涛等，2018）等监测模块。

5.4.2.4　专题制图模块

（1）功能概述。专题制图模块主要提供一个规范的、可调的专题图层输出效果编制平台，其目的是针对水资源承载风险遥感动态监测多种专题产品，按照信息发布产品的规格要求，进行统一的标准化、自动化编制和输出。

该模块包括单值、范围、统计及自定义专题图的制作，支持系统地图模板的载入和用户自定义模板，提供所见即所得的制图排版功能，以及图例、比例尺、指北针、表格等制图要素，实现快速制图。输出的专题图产品，可以选择保存在服务器或本地。

（2）功能组成。专题输出模块包括制图模板管理功能、制图功能、制图输出等功能。

5.4.3　原型系统数据库设计

5.4.3.1　数据库结构设计

原型系统数据库存储的内容包括影像数据文件、遥感提取和反演结果数据文件、地面监测数据、监测对象基础数据、文件管理数据等。原型系统数据库表清单见表5-14。

表5-14　　　　　　　　　　　原型系统数据库表清单

分类	表 中 文 名	表 名 标 识	主 要 内 容
基础信息表	湖库水体对象基本信息表	TB_BAS_HUKU	水体名称、湖库编码、所在河流、所在流域、所在行政区
	湖库库容特征表	TB_BAS_CURVE	湖库代码、水位、面积、库容
	监测站点基础信息表	TB_BAS_STATION	监测要素类型、站点名称、站点编码、所在地、经纬度、监测时间
监测信息表	水质监测信息表	TB_OBS_WATERQUAL	水温、水深、水面状况、叶绿素a、浑浊度、总悬浮物、总氮、总磷、COD_{Mn}、pH、溶解氧、电导率
	水位监测信息表	TB_OBS_WATERLEVEL	湖库水位
	土壤含水量监测信息表	TB_OBS_SM	10cm深度含水量、20cm深度含水量、30cm深度含水量、作物种类、灌溉相隔天数、降雨相隔天数、测定方法、备注
	降水监测信息表	TB_OBS_PRE	时段降雨量、日降雨量
	蒸散发监测信息表	TB_OBS_ET	蒸发器类型、日蒸散发量

分类	表中文名	表名标识	主 要 内 容
文件管理表	原始影像管理表	TB_INIT_IMG	卫星类型、产品/传感器、日期、备注（区域）
	中间成果管理表	TB_PRODUCT_MAKE	成果名称、生产方法、数据源、时空分辨率、成果时间、覆盖范围、完成人
	降水量成果表	TB_PRODUCT_PRE	数据源、时空分辨率、产品日期、生产方法、覆盖范围、降水量最大值、降水量最小值、降水量均值
	土壤含水量成果表	TB_PRODUCT_SM	数据源、时空分辨率、产品日期、生产方法、覆盖范围、土层深度、土壤含水量最大值、土壤含水量最小值、土壤含水量均值
	湖库蓄水量成果表	TB_PRODUCT_WATERSTORE	数据源、时间分辨率、产品日期、生产方法、湖库名称、蓄水量
	积雪成果表	TB_PRODUCT_SNOW	数据源、时空分辨率、产品日期、生产方法、覆盖范围、积雪面积
	蒸散发成果表	TB_PRODUCT_ET	数据源、时空分辨率、产品日期、生产方法、覆盖范围、蒸散发最大值、蒸散发最小值、蒸散发均值
	地下水成果表	TB_PRODUCT_GROUNDWATER	数据源、时空分辨率、产品日期、生产方法、覆盖范围、地下水蓄变量
	水质成果表	TB_PRODUCT_WATERQUAL	数据源、时间分辨率、产品日期、生产方法、水体名称、水质指标名称、水质指标值
	水域面积成果表	TB_PRODUCT_WATERAREA	数据源、时间分辨率、产品日期、生产方法、水体名称、水域面积
	植被覆盖成果表	TB_PRODUCT_VEG	数据源、时空分辨率、产品日期、生产方法、覆盖范围、植被覆盖面积
	荒漠化成果表	TB_PRODUCT_DESERT	数据源、时空分辨率、产品日期、生产方法、覆盖范围、荒漠化面积
	灌溉面积成果表	TB_PRODUCT_PLANTAREA	数据源、时空分辨率、产品日期、生产方法、覆盖范围、耕地面积
	播种面积成果表	TB_PRODUCT_SOWNAREA	数据源、时空分辨率、产品日期、生产方法、覆盖范围、灌区代码、灌区名称、播种面积
	需水与用水成果表	TB_PRODUCT_WATERUSE	数据源、时间分辨率、产品日期、生产方法、覆盖范围、需水量、用水量
	建成区面积成果表	TB_PRODUCT_CITYAREA	数据源、时空分辨率、产品日期、生产方法、覆盖范围、建成区面积

5.4.3.2 数据库表设计

在梳理监测系统数据内容的基础上，分别对各类数据产品建立数据库表，给出部分数据或产品的数据库表结构。

1. 基础信息表

（1）湖库库容特征表结构见表 5-15。

表 5-15   湖库库容特征表结构

列　　名	数　据　类　型	注　　　　释	约束
B_CURVEID	NUMBER	数据标识	主键
B_RESCODE	VARCHAR2（10）	水库代码	
B_RESNAME	VARCHAR2（50）	水库名称	
B_WATERPOINT	NUMBER	水位	
B_AREA	NUMBER	面积	
B_SPACE	NUMBER	库容	
B_CURVEDATE	DATE	生成时间（1900-1-1为原始数据，其他时间为修正后数据）	

（2）监测站点基础信息表结构见表 5-16。

表 5-16   监测站点基础信息表结构

列　　名	数　据　类　型	注　　　释	约束
B_STACODE	VARCHAR2（10）	站点编码	主键
B_ELENAME	VARCHAR2（50）	监测要素名	
B_STANAME	VARCHAR2（50）	站点名称	
POINTX	VARCHAR2（64）	站点经度	
POINTY	VARCHAR2（64）	站点纬度	
B_LOC	VARCHAR2（50）	所在地	
B_MONITDATE	DATE	监测时间	

2. 监测信息表

（1）土壤含水量监测信息表结构见表 5-17。

（2）水质监测信息表结构见表 5-18。

表 5-17   土壤含水量监测信息表结构

列　　名	数　据　类　型	注　　　释	约束
B_ID	NUMBER	数据标识	主键
B_STACODE	VARCHAR2（10）	站点编码	
PLANTTYPE	VARCHAR2（50）	作物种类	
IRRIGGAP	NUMBER	灌溉相隔天数	
PREGAP	NUMBER	降雨相隔天数	
MONITMETHOD	VARCHAR2（64）	测定方法	
SM_10	NUMBER	10cm深度土壤含水量	
SM_20	NUMBER	20cm深度土壤含水量	
SM_30	NUMBER	30cm深度土壤含水量	
B_REMARK	VARCHAR2（500）	备注	

表 5 - 18　　　　　　　　　　　　　水质监测信息表结构

列　名	数 据 类 型	注　释	约束
B_ID	NUMBER	数据标识	主键
B_STACODE	NUMBER	站点编码	
WATERTEMP	NUMBER	水温	
WATERDEPTH	NUMBER	水深	
WATERSTATE	VARCHAR2（500）	水面状况	
PHYLL	NUMBER	叶绿素 a	
FLOAT	NUMBER	悬浮物	
TURBIDITY	NUMBER	浊度（单位：度）	
TOTALNITRO	NUMBER	总氮	
TOTALPHOS	NUMBER	总磷	
COD	NUMBER	COD_{Mn}	
PHVALUE	NUMBER	pH	
DO	NUMBER	溶解氧	
CONDUCTIVITY	NUMBER	电导率	
B_REMARK	VARCHAR2（500）	备注	

3. 文件管理表

播种面积表结构见表 5 - 19。蒸散发成果表结构见表 5 - 20。

表 5 - 19　　　　　　　　　　　　　播 种 面 积 表 结 构

列　名	数 据 类 型	注　释	约束
B_ID	NUMBER	数据标识	主键
B_COVERCODE	VARCHAR2（10）	灌区代码	
B_COVERNAME	VARCHAR2（200）	灌区名称	
TEMPRESLU	VARCHAR2（64）	时间分辨率	
SPATIALRESLU	VARCHAR2（64）	空间分辨率	
DATE	VARCHAR2（64）	产品日期	
METHOD	VARCHAR2（64）	生产方法	
POINTLEFTX	VARCHAR2（64）	左上角经度	
POINTLEFTY	VARCHAR2（64）	左上角纬度	
POINTRIGHTX	VARCHAR2（64）	右下角经度	
POINTRIGHTY	VARCHAR2（64）	右下角纬度	
SOWNAREA	NUMBER	播种面积	
B_REMARK	VARCHAR2（500）	备注	

表 5 - 20 蒸 散 发 成 果 表 结 构

列 名	数 据 类 型	注 释	约束
P _ ID	NUMBER	数据标识	主键
DATASOURCE	VARCHAR2（200）	数据源	
TEMPRESLU	VARCHAR2（64）	时间分辨率	
SPATIALRESLU	VARCHAR2（64）	空间分辨率	
DATE	VARCHAR2（64）	产品日期	
METHOD	VARCHAR2（64）	生产方法	
POINTLEFTX	VARCHAR2（64）	左上角经度	
POINTLEFTY	VARCHAR2（64）	左上角纬度	
POINTRIGHTX	VARCHAR2（64）	右下角经度	
POINTRIGHTY	VARCHAR2（64）	右下角纬度	
MAX _ ET	NUMBER	蒸散发最大值	
MIN _ ET	NUMBER	蒸散发最小值	
MEAN _ ET	NUMBER	蒸散发均值	
P _ REMARK	VARCHAR2（500）	备注	

5.4.3.3 数据库物理存储设计

每个表空间保证大于等于 1024M，空间不足则自动增长。利用写好的 bat 导入数据库的 dmp 文件。

1. 数据库安全设计

数据库安全主要集中在用户账户、作用和对特定数据库目标的操作许可；软件的 BUG、缺少操作系统补丁、脆弱的服务和选择不安全的默认配置；可用的但并未正确使用的安全选项、危险的默认设置、给用户更多的不适当的权限，对系统配置的未经授权的改动；密码长度不够、对重要数据的非法访问及窃取数据库内容等恶意行动等方面。

对于数据库的安全性维护，必须从账号管理、软件风险、管理风险和用户风险等诸多方面去考虑。从本质上来说，数据库的安全依赖于数据库本身和网络环境的安全。

2. 数据库服务器优化设计

（1）数据库集群。采用数据库软件自带的 RAC 来构建分布式、冗余的、支持负载平衡的数据库管理系统集群，即使部分节点出现故障，数据库仍能够正常运行。RAC 集群可以提供高可靠、高可用、高性能的数据库访问服务。

（2）高速缓存。对于一些频繁使用的数据，如字典数据，通用的背景数据等，可以将该数据一次性读入数据库高速缓存池中。缓冲池可以确保指定的数据永久驻留在内存高速缓存中，从而使数据的访问直接在内存中进行，没有读盘的操作，可以极大地提高数据访问的响应速度。

（3）数据块。数据库的数据文件采用合适的数据块大小，可以获得最佳的空间数据存储效率与访问性。

（4）并行处理。利用数据库的并行处理能力，包括数据的查询及插入、修改、删除等

DML 操作。并行处理可以有效利用服务器的 CPU 资源，通过多 CPU 并行处理来提高数据访问的性能与响应速度。

（5）裸设备。采用裸设备作为数据库的数据存储方式，由于数据直接从磁盘到数据库进行传输，避免了再经过操作系统这一层，所以使用裸设备对于读写频繁的数据库应用来说，可以极大地提高数据库系统的性能。

3. 数据库优化设计

（1）物化视图。采用数据库所支持的物化视图技术（即数据库快照），它是存储了查询结果的数据库视图。物化视图通过将大量耗时的数据库检索、计算操作的结果预存起来，以方便应用程序直接使用这些存储的结果，来达到极大提升应用程序性能的目的。同时利用物化视图的刷新功能，可以在数据基表中的数据改变时及时更新物化视图的数据。

（2）分区。可以采用数据库的数据分区技术将大表和索引分成可以管理的小块，从而避免了每个大表只能作为一个单独的对象进行管理。数据分区是一种"分而置之"的技术，它为海量数据的管理提供了可伸缩的性能。对大表进行数据分区，将能够产生明显的性能上的效果，并可以对数据故障进行有效隔离。数据分区对应用是透明的，不需对应用程序做任何修改。数据的分区可以带来性能、可用性、可管理性上的提高。

（3）表空间。对各类数据的 Oralce 表空间进行规划，如将数据与索引表空间分开等，关键数据文件可以放在不同的磁盘控制器控制的磁盘上等，以提高数据访问的性能。

（4）字段索引。根据不同数据存储与应用需求特点，设计合理的数据字段索引。

4. 中间件优化设计

（1）缓冲池。在大数据量入库时，通过调整中间件的数据库连接缓冲池参数，可以有效提高数据加载的性能。

（2）平衡负载。在数据库管理层与应用层之间，可以置入一个监视系统负载的中间件，可以根据负载情况进行存储磁盘与服务器资源的动态分配，在更高的抽象层面提供一个负载平衡机制，从而优化大数据量、大访问量并发的处理能力。

5. 应用程序优化设计

（1）缓存。对经常参与查询的参数表或者元数据，缓存到内存，减少数据连接和频繁访问。

（2）分页。对于系统查询的结果，进行适当的分页显示，这样在查询时每次返回的数据量比较小，避免一次返回大结果集，可以有效提高响应速度与性能。

（3）SQL 优化。在 SQL 语句使用上，尽量利用数据的索引机制，以及数据库提供的相关优化规则。

（4）并行处理。目前双核、四核 CPU 已逐渐成为桌面计算机的主流配置，可以在应用中对密集数据处理采用并行处理的方式，充分利用多核 CPU 的计算能力，提高系统运行效率。

5.4.4 原型系统开发

5.4.4.1 开发技术路线

软件设计与开发工作依据建设要求与具体功能需求，确定其技术路线描述如下：

（1）采用 C/S 架构 3 层模型，分别是系统层、接口构件层、数据库层。

（2）采用构件化的设计思想，在需求分析抽象的基础上，先进行软件模块的设计，然后根据应用与管理对象的不同，可以对软件模块灵活组装搭建成不同的应用子系统。

（3）采用 C♯ 主要开发语言。

（4）采用 PIESDK 作为 GIS 平台，PIESDK 是一个完全组件化的嵌入式遥感应用平台，提供了丰富的底层功能接口。

（5）采用 MySQL 进行各类数据的统一存储与管理。

原型系统的开发技术路线如图 5-27 所示。

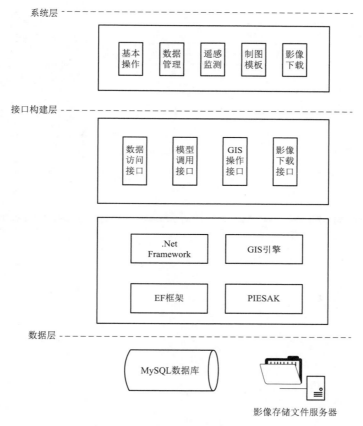

图 5-27　原型系统开发技术路线图

5.4.4.2　开发内容

原型系统主要包括数据管理和展示、遥感影像预处理、遥感监测和专题制图 4 个模块的开发内容，以下做分别阐述。

1. 数据管理和展示

（1）监测产品展示。

1）功能描述。主要实现对水资源、生态环境、社会经济等业务监测高级产品和初级产品的展示。

2）数据管理输入项见表 5-21。

表 5-21 数据管理输入项表

序号	名 称	文件/数据类型	数 据 来 源
1	水资源产品	tiff	模型计算输出产品
2	生态环境产品	tiff	模型计算输出产品
3	社会经济产品	tiff	模型计算输出产品

3）数据管理输出项见表 5-22。

表 5-22 数据管理输出项表

序号	名 称	文件/数据类型	数据去向
1	产品展示	栅格	本地磁盘

4）数据管理类图见图 5-28。

5）界面开发。基于遥感监测得到区域土壤含水量数据产品，并对结果进行入库。在数据资源目录中将产品打开，即可在原型系统中对监测产品进行展示。数据管理监测产品界面见图 5-29。

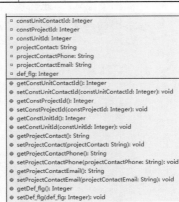

图 5-28 数据管理类图

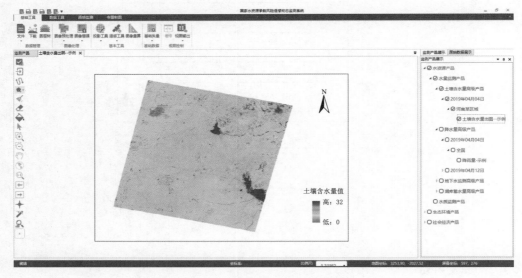

图 5-29 数据管理监测产品界面

（2）监测产品管理。

1）功能描述。主要实现对水资源、生态环境、社会经济等业务监测高级产品和初级产品的管理，包括查询、导入、修改、删除。

2）监测管理输入项见表 5-23。

表 5－23 监测管理输入项表

序号	名　称	文件/数据类型	数据来源
1	水资源产品	text	元数据
2	生态环境产品	text	元数据
3	社会经济产品	text	元数据

3）监测管理输出项见表 5－24。

表 5－24 监测管理输出项表

序号	名　称	文件/数据类型	数据去向
1	产品列表	表格	数据库

4）监测管理类图见图 5－30。

5）界面开发。对实地监测产品、遥感监测产品等的管理，可通过系统的监测产品管理模块实现。该模块可以进行数据的导入、修改和删除操作，并可对不同产品类型基于时间进行查询。监测管理界面见图 5－31。

图 5－30　监测管理类图

图 5－31　监测管理界面

（3）原始数据展示。

1）功能描述。主要实现对生产高级产品的输入数据（下载的影像数据和测站表格数据）的管理。

2）原始数据输入项见表 5－25。

表 5 - 25   原 始 数 据 输 入 项 表

序号	名 称	文件/数据类型	数 据 来 源
1	MODIS、Landsat、Sentinel、GLDAS 影像	hdf、tif、grb、zip	影像下载
2	测站表格	xls	雨量站、土壤含水量野外监测站、地下水监测站、墒情站数据

3）原始数据输出项见表 5 - 26。

表 5 - 26   原 始 数 据 输 出 项 表

序号	名 称	文件/数据类型	数据去向
1	影像查看	img	本地保存位置
2	表格矢量查看	shp	本地保存位置

4）原始数据类图见图 5 - 32。

5）界面开发。对实地监测的数据（如土壤含水量即墒情监测等），除在数据管理模块对数据进行入库存储、修改和查询外，还可将实测站点的位置在数据展示页面进行展示，如监测站点的空间分布情况等。原始数据展示界面见图 5 - 33。

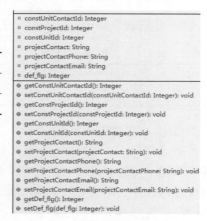

图 5 - 32 原始数据类图

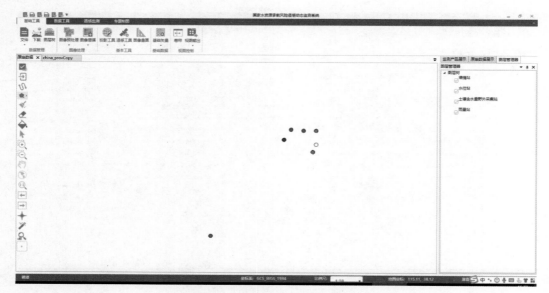

图 5 - 33 原始数据展示界面

（4）原始数据管理。

1）功能描述。主要实现对生产高级产品的输入数据（下载的影像数据和测站表格数据）的管理。

2）原始数据管理输入项见表 5 - 27。

表 5－27　　　　　　　　　　　　　原始数据管理输入项表

序号	名　称	文件/数据类型	数　据　来　源
1	MODIS、Landsat、Sentinel、GLDAS 影像	hdf、tif、grb、zip	影像下载
2	测站表格	xls	雨量站、土壤含水量野外监测站、地下水监测站、墒情站数据

3）原始数据管理输出项见表 5－28。

表 5－28　　　　　原始数据管理输出项表

序号	名　称	文件/数据类型	数据去向
1	影像查看	img	本地保存位置
2	表格矢量查看	shp	本地保存位置

4）原始数据管理类图见图 5－34。

5）界面开发。原始数据管理界面，可对系统汇集的遥感影像、站点监测等原始数据进行存储和管理，也可进行原始数据的导入、修改、删除、查询等操作。原始数据管理界面见图 5－35。

□ constUnitContactId: Integer
□ constProjectId: Integer
□ constUnitId: Integer
□ projectContact: String
□ projectContactPhone: String
□ projectContactEmail: String
□ def_flg: Integer
● getConstUnitContactId(): Integer
● setConstUnitContactId(constUnitContactId: Integer): void
● getConstProjectId(): Integer
● setConstProjectId(constProjectId: Integer): void
● getConstUnitId(): Integer
● setConstUnitId(constUnitId: Integer): void
● getProjectContact(): String
● setProjectContact(projectContact: String): void
● getProjectContactPhone(): String
● setProjectContactPhone(projectContactPhone: String): void
● getProjectContactEmail(): String
● setProjectContactEmail(projectContactEmail: String): void
● getDef_flg(): Integer
● setDef_flg(def_flg: Integer): void

图 5－34　原始数据管理类图

图 5－35　原始数据管理界面

2. 遥感影像预处理

（1）辐射校正。

1）辐射定标功能。遥感影像预处理输入项见表 5－29，输出项见表 5－30。

131

表 5-29   遥感影像预处理输入项表

序号	名 称	文件/数据类型	数 据 来 源
1	输入文件	影像	需处理影像数据
2	定标类型	枚举	表观辐射度或者表观反射率

表 5-30   遥感影像预处理输出项表

序号	名 称	文件/数据类型	数 据 去 向
1	结果输出	栅格	辐射定标输出影像

界面开发。辐射定标模块，在输入定标影像文件后，选择定标类型和输出路径，点击执行即可进行辐射定标操作。辐射定标界面见图 5-36。

2）大气校正功能。大气校正输入项见表 5-31，输出项见表 5-32。

表 5-31   大 气 校 正 输 入 项 表

序号	名 称	文件/数据类型	数 据 来 源
1	输入文件	影像	需处理影像数据
2	数据类型	枚举	表观辐射度或者表观反射率
3	气溶胶类型	枚举	气溶胶各个类型
4	大气模式	枚举	大气模式类型
5	初始能见度	数值	初始能见度

表 5-32   大 气 校 正 输 出 项 表

序号	名 称	文件/数据类型	数 据 去 向
1	大气校正结果输出	栅格	大气校正结果

界面开发。大气校正工具：输入待校正影像后，设置气溶胶类型、大气模式和能见度等校正参数，指定结果输出路径，点击执行得到大气校正结果。大气校正界面见图 5-37。

图 5-36　辐射定标界面

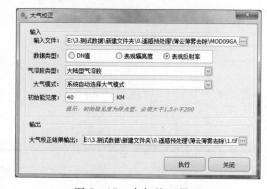

图 5-37　大气校正界面

3）薄云薄雾去除功能。薄云薄雾去除功能输入项见表 5-33，输出项见表 5-34。界面见图 5-38。

表 5 - 33　　　　　　　　　　　薄云薄雾去除功能输入项表

序号	名　称	文件/数据类型	数 据 来 源
1	输入文件	影像	需处理影像数据

表 5 - 34　　　　　　　　　　　薄云薄雾去除功能输出项表

序号	名　称	文件/数据类型	数 据 去 向
1	输出文件	栅格	薄云薄雾输出影像

（2）几何校正。

1）功能概述。几何校正功能主要是在辐射校正的基础上对数据进行处理，用于消除卫星遥感数据中的各种几何畸变现象。

2）功能组成。几何校正包括影像匹配、正射校正两个功能。

3）影像匹配功能。几何校正输入项见表 5 - 35，输出项见表 5 - 36。

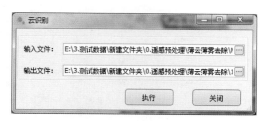

图 5 - 38　薄云薄雾去除界面

表 5 - 35　　　　　　　　　　　几 何 校 正 输 入 项 表

序号	名　称	文件/数据类型	数 据 来 源
1	待配准影像	影像	待配准影像
2	基准数据	影像	基准数据

表 5 - 36　　　　　　　　　　　几 何 校 正 输 出 项 表

序号	名　称	文件/数据类型	数 据 去 向
1	控制点	文本	控制点数据

界面开发。影像的几何校正模块的使用主要包括输入待校正影像、指定基准影像数据，主要输出包括校正后影像及校正过程中选用的控制点等。

（3）影像融合。

1）功能概述。影像融合是在辐射校正和几何校正的基础上，基于融合算法对同一区域的低分辨率多光谱图像与高分辨率图像进行融合处理，使得融合后的影像既具有较高的光谱分辨率又具有较高的几何分辨率，提高对变化信息的识别能力，便于影像解译。该功能提供了 SFIM 变换、PCA 变换、Brovey 变换、PanSharp 等融合方法，实现遥感影像数据的融合处理。

2）影像融合输入项见表 5 - 37。

表 5 - 37　　　　　　　　　　　影 像 融 合 输 入 项 表

序号	名　称	文件/数据类型	数 据 来 源
1	低分辨率影像	影像	低分辨率影像
2	高分辨率影像	影像	高分辨率影像
3	融合类型	枚举	PCA 融合、Pansharp 融合

3）影像融合输出项见表 5－38。

表 5－38　　　　　　　　　　　　影像融合输出项表

序号	名　称	文件/数据类型	数　据　去　向
1	输出影像	Nc	影像融合结果数据

图 5－39　影像融合界面

4）界面开发。影像融合模块中需分别指定低分辨率影像和高分辨率影像，并指定影像融合的方法，在指定输出路径后，点击执行可得到融合结果。影像融合界面见图 5－39。

（4）影像镶嵌。

1）功能概述。图像镶嵌功能主要用于大区域范围的国家水资源承载风险遥感动态监测，即监测区域分布在多景影像上的情形。该功能在前期处理的基础上，将多景投影一致的遥感影像自动拼接成一幅大的影像。

2）影像镶嵌输入项见表 5－39。

表 5－39　　　　　　　　　　　　影像镶嵌输入项表

序号	名　称	文件/数据类型	数　据　来　源
1	影像拼接列表	影像	待拼接影像
2	是否羽化	布尔型变量	拼接时是否羽化

3）影像镶嵌输出项见表 5－40。

表 5－40　　　　　　　　　　　　影像镶嵌输出项表

序号	名　称	文件/数据类型	数　据　去　向
1	输出文件	影像	拼接后影像

4）界面开发。基于该原型系统进行影像的镶嵌，需在影像镶嵌模块中输入待拼接的影像，勾选是否羽化功能，指定输出路径后执行镶嵌操作，得到拼接后的影像。影像镶嵌界面见图 5－40。

（5）影像裁剪。

1）功能概述。图像裁剪用于去除研究以外的区域，包括影像裁剪、标准分幅裁剪两个功能。

2）影像裁剪功能输入输出。

影像裁剪输入项见表 5－41，输出项见表 5－42。

图 5－40　影像镶嵌界面

表 5 - 41　　　　　　　　　影 像 裁 剪 输 入 项 表

序号	名　称	文件/数据类型	数 据 来 源
1	待裁剪影像	影像	待裁剪影像
2	裁剪范围	影像	裁剪范围

表 5 - 42　　　　　　　　　影 像 裁 剪 输 出 项 表

序号	名　称	文件/数据类型	数 据 去 向
1	裁剪结果输出	影像	按照裁剪范围裁剪后的影像

界面开发。在影像剪裁窗口中，需输入待剪裁的影像和剪裁的边界矢量文件，并指定剪裁结果的保存路径，最后执行剪裁操作。影像裁剪界面见图 5 - 41。

3. 遥感监测模块

水域面积提取功能。水体提取模块主要集成水体提取的遥感模型，以 GF 数据为主要数据源，通过对特定区域的水体边界进行提取，对水体面积进行分析，为水资源承载风险遥感动态监测提供决策支撑。

图 5 - 41　影像裁剪界面

（1）功能组成。水域面积提取模块，在功能上包括模型调用、精度评价、方法配置和产品入库等 4 部分内容。

（2）模型调用。模型调用用于水体提取模型的调用，用户在界面中选取输入文件和输出路径，及模型中的方法，即可运行模型，进行产品生产。

以面向对象的水域面积提取为例，模型调用的输入项见表 5 - 43，模型调用输出项见表 5 - 44，模型调用类图，见图 5 - 42。

表 5 - 43　　　　　　　　　模 型 调 用 输 入 项 表

序号	名　称	文件/数据类型	数 据 来 源
1	输入文件	文件	预处理后的影像文件
2	分割尺度	字符	手动输入

表 5 - 44　　　　　　　　　模 型 调 用 输 出 项 表

序号	名　称	文件/数据类型	数 据 去 向
1	水体提取结果	shp	输出路径

模型调用的界面设计，包括待处理影像的指定、输出路径的设置、水域面积提取方法的选择及参数的设定等内容。模型调用的界面如图 5 - 43 所示。

（3）精度评价。精度评价功能用于对模型计算结果进行精度评价，其输入项和输出项见表 5 - 45 和表 5 - 46，其类图见图 5 - 44。

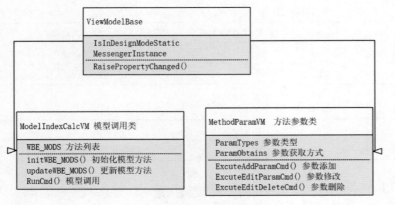

图 5-42 模型调用类图　　　　　　　　图 5-43 模型调用界面

表 5-45　　　　　　　　　　　精度评价输入项表

序号	名　称	文件/数据类型	数据来源
1	验证样本	shp	参考水体矢量文件
2	提取结果	shp	水体提取结果

表 5-46　　　　　　　　　　　精度评价输出项表

序号	名　称	文件/数据类型	数据去向
1	精度评价结果	tif/txt	本地存储路径

界面开发。精度评价时需确定评价参照的验证样本、设置遥感监测产品的路径、并对提取结果进行归档等。精度评价界面见图5-45。

图 5-44　精度评价类图　　　　　　　　图 5-45　精度评价界面

（4）方法配置。方法配置功能用于对水体提取中所调用的方法进行配置，用户可自行添加方法和参数，并关联所调用方法的应用程序。方法配置模块的输入和输出项见表5-47和表5-48，其类图见图5-46。

表 5 - 47 方 法 配 置 输 入 项 表

序号	名 称	文件/数据类型	数 据 来 源
1	方法名称	文本	用户输入
2	方法标识	文本	用户输入
3	方法连接	文件	所调用方法的应用程序

表 5 - 48 方 法 配 置 输 出 项 表

序号	名 称	文件/数据类型	数 据 去 向
1	方法列表	列表	方法配置面板
2	参数列表	列表	新增面板

界面设计开发。在具体实现上，方法配置包括了水域面积提取方法的新增、修改和删除等操作，方法配置界面如图 5-47 所示。

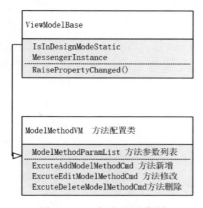

图 5-46 方法配置类图

图 5-47 方法配置界面

（5）产品入库。产品入库用于对模型调用的结果进行入库操作，该模块的输入项和输出项分别见表 5-49 和表 5-50，其类图见图 5-48。

表 5 - 49 产 品 入 库 输 入 项 表

序号	名 称	文件/数据类型	数 据 来 源
1	产品类型	文本	用户输入
2	产品日期	字符	用户输入
3	监测区域	文本	用户输入
4	产品名称	文本	用户输入
5	产品路径	文本	用户输入
6	数据源	文本	用户输入
7	分辨率	字符	用户输入
8	生产方法	文本	用户输入
9	备注	文本	用户输入

表 5-50 产品入库输出项表

序号	名称	文件/数据类型	数据去向
1	数据库记录	—	数据库

图 5-48 产品入库类图

界面开发。在产品入库时，需为入库产品指定类型、时间、监测区域、名称、分辨率、生产方法等信息，最后导入原型系统数据库。

4．专题制图模块

（1）制图模板管理功能。

1）功能描述。制图模板管理功能是根据用户对专题产品种类的要求，提供专题产品模板的制作、编辑与存储等，为用户提供一个可视化的水利专题产品模板管理工具，为水利专题产品模板生成提供便捷的辅助交互技术。制图模板管理功能能够实现对版式、字体、间距等文档格式设置，实现对模板录入数据内容与顺序的设置等；实现对生成的模板进行模拟显示、浏览、编辑、修改等功能；实现对水利专题产品模板库的录入、查询、编辑等管理工作。

2）制图输入项见表 5-51。

表 5-51 制图输入项表

序号	名称	文件/数据类型	数据来源
1	监测产品	tiff	模型计算输出成果
2	矢量	shp	矢量加载

3）制图输出项见表 5-52。

表 5-52 制图输出项表

序号	名称	文件/数据类型	数据去向
1	专题图	jpeg	本地存储位置

4）制图类图见图 5-49。

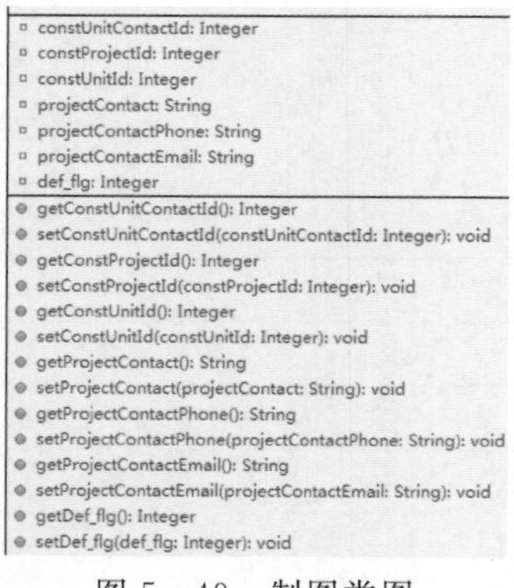

5）界面开发。打开制图模板模块，可新建或编辑制图模板。在模板中可为专题图的生产配置各类制图要素，如指北针、比例尺、图例等。制图模板界面如图 5-50 所示。

．（2）制图输出功能。

1）功能描述。制图功能通过设定好的地图模板和符号库，可以实现特定区域快速出图的目的，也可对分幅方式、图饰要素等进行编辑，系统提供制图成果的多种保存格式，如 ARCGIS、WORD、PDF、EXCEL、JPEG 等格式，也可直接打印输出。

图 5-49 制图类图

制图输出功能实现各类产品的输出，生成符合标准格式的图像、图形和数据集等水利专题产品，并能进行直接打印输出、标准文件输出、转换格式输出等。

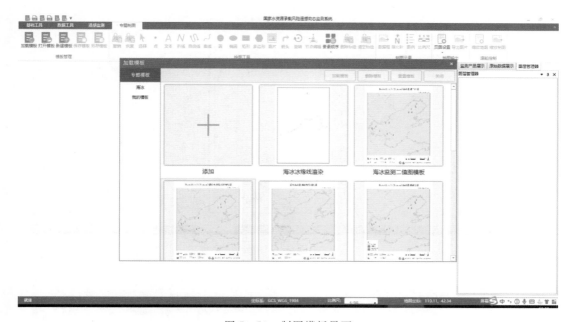

图 5-50 制图模板界面

2）制图输出功能输入项见表 5-53。

表 5-53   制图输出功能输入项表

序号	名　　称	文件/数据类型	数 据 来 源
1	监测产品	tiff	模型计算输出成果
2	模板		系统内置

3）制图输出功能输出项见表 5-54。

表 5-54   制图输出功能输出项表

序号	名　称	文件/数据类型	数据去向
1	专题图	jpeg	本地存储位置

4）制图输出功能类图见图 5-51。

5）界面开发。在制图输出模块，可将配置好的专题图进行输出，也可对已配置的制图模板进一步做修改，同时包括对专题图中具体内容如点、线、面的修改等，最后可将绘制的专题图导出为图片文件。制图输出功能模块界面见图 5-52。

```
▫ constUnitContactId: Integer
▫ constProjectId: Integer
▫ constUnitId: Integer
▫ projectContact: String
▫ projectContactPhone: String
▫ projectContactEmail: String
▫ def_flg: Integer

● getConstUnitContactId(): Integer
● setConstUnitContactId(constUnitContactId: Integer): void
● getConstProjectId(): Integer
● setConstProjectId(constProjectId: Integer): void
● getConstUnitId(): Integer
● setConstUnitId(constUnitId: Integer): void
● getProjectContact(): String
● setProjectContact(projectContact: String): void
● getProjectContactPhone(): String
● setProjectContactPhone(projectContactPhone: String): void
● getProjectContactEmail(): String
● setProjectContactEmail(projectContactEmail: String): void
● getDef_flg(): Integer
● setDef_flg(def_flg: Integer): void
```

图 5-51 制图输出功能类图

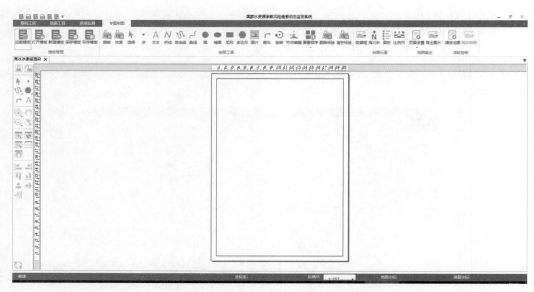

图 5-52　制图输出功能模块界面

5.4.5　原型系统应用示范

5.4.5.1　承载体要素监测

1. 水域面积监测

对北方地区拥有 20 万人以上供水人口的 126 个饮用水地表水源地和 111 个重点中型以上水库于 2018 年 3—11 月、2019 年 3—6 月进行了逐月水面面积遥感监测推算。遥感监测水源地和水库名录（部分）见表 5-55。部分水库水域面积提取结果如图 5-53 所示。

表 5-55　　　　　　　　　　遥感监测水源地和水库名录（部分）

序号	水源地名称	所在省级行政区	规模	序号	水源地名称	所在省级行政区	规模
1	密云水库	北京	大型	13	陡河水库	河北	大型
2	怀柔水库	北京	大型	14	云州水库	河北	大型
3	海子水库	北京	大型	15	邱庄水库	河北	大型
4	白河堡水库	北京	中型	16	官厅水库	河北	大型
5	于桥坝上	天津	大型	17	友谊水库	河北	大型
6	团泊洼水库	天津	大型	18	安各庄水库	河北	大型
7	调节闸闸上	天津	大型	19	十方院水库	河北	大型
8	潘家口水库	河北	大型	20	横山岭水库	河北	大型
9	大黑汀水库	河北	大型	21	桃山水库	黑龙江	大型
10	庙宫水库	河北	大型	22	山口水库	黑龙江	大型
11	桃林口水库	河北	大型	23	太平湖水库	黑龙江	大型
12	洋河水库	河北	大型	24	音河水库	黑龙江	大型

序号	水源地名称	所在省级行政区	规模	序号	水源地名称	所在省级行政区	规模
25	东升水库	黑龙江	大型	40	卧虎山水库	山东	大型
26	双阳河水库	黑龙江	大型	41	东平湖老湖	山东	大型
27	红旗泡水库	黑龙江	大型	42	雪野水库	山东	大型
28	大庆水库	黑龙江	大型	43	光明水库	山东	大型
29	龙虎泡水库	黑龙江	大型	44	太河水库（淄博）	山东	大型
30	南引水库	黑龙江	大型	45	冶源水库	山东	大型
31	月亮湖水库	黑龙江	大型	46	白浪河水库	山东	大型
32	向海水库	黑龙江	大型	47	墙夼水库（东库）	山东	大型
33	团山子水库	黑龙江	中型	48	胜利水库	新疆	大型
34	骆马湖	江苏	大型	49	多浪渠水库	新疆	大型
35	石梁河水库	江苏	大型	50	西柯尔水库	新疆	大型
36	安峰山水库	江苏	大型	51	乌鲁瓦提水库	新疆	大型
37	小塔山水库	江苏	大型	52	克孜尔水库	新疆	大型
38	岳庄坝水库	安徽	大型	53	乌拉泊水库	新疆	中型
39	釜山水库	安徽	大型	54	上游水库	新疆	大型

（a）3月华北库区冶源水库

（b）3月西北库区金川峡水库

图 5-53（一）　部分水库水域面积提取结果图（左为原始影像，右为提取结果）

（c）7月西北地区胜利水库

（d）10月华北库区产芝水库

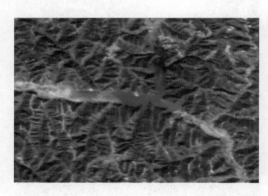

（e）10月西北库区王瑶水库

图 5-53（二） 部分水库水域面积提取结果图（左为原始影像，右为提取结果）

2. 水体水质监测

以潘家口、大黑汀水库为示范区进行水体水质遥感监测。潘家口水库位于河北省唐山市迁西县与承德市宽城满族自治县、承德市兴隆县交界处，是"引滦入津"的水源地，最大面积达 72km^2，最深处 80m，水库总容量为 29.3 亿 m^3，库区水面积为 105000 亩（1亩≈666.7m^2）。

大黑汀水库位于唐山市迁西县城北 5km 的滦河干流上，为年调节水库，总库容为 3.37 亿 m³。该水库上游约 30km 有潘家口水库。大黑汀和潘家口两水库联合运用，发挥防洪、供水作用。大黑汀水库的重要作用是承接潘家口水库的调节水量，提高水位，为跨流域引水创造条件，同时拦蓄潘家口、大黑汀区间来水，为唐山市、天津市及滦河下游工农业及城市用水提供水源，并利用输水进行发电。

利用 2018 年 6 月 21 日过境潘家口-大黑汀水库 GF-1 WFV 图像进行水体水质反演，包括明确光谱响应的水质参数（浊度、透明度、叶绿素 a）与无明确光谱响应的水质参数（总氮、总磷、COD、溶解氧），其中浊度与总磷具有较高的相关关系，叶绿素 a 浓度与溶解氧和 COD 浓度具有较高的相关关系，但是叶绿素 a 浓度与 COD 浓度的相关关系在潘家口和大黑汀水库是不同的，需要构建不同的回归模型。反演水质参数结果分布如图 5-54 所示。

5.4.5.2　承载对象要素监测

1. 灌溉面积监测

河北位于华北平原，是我过北方缺水最为严重的地区之一，作为农业主产区，其农业用水非常紧张。河北多年平均年降水量为 531.7mm，属于半湿润地区，其中山区降水量为 528.0mm，平原地区为 537.5mm。河北地区降水主要受太平洋季风的强弱和雨区进退的影响。河北用水主要靠开采地下水维持，近些年河北地下水供水量占总供水的 80%。地下水实际开采量远大于可开采量，长期超采地下水引发了一系列生态环境问题，如地下水漏斗、海水倒灌等。

河北的重点灌区发展主要依赖地下水，地表水时空分布不均，阻碍了河北平原的经济发展。通过对灌溉用水时空变化规律的分析，开展科学灌溉与农业用水精细化管理，这能够进一步促进灌区的可持续发展。本章主要依据种植结构、土壤含水量反演、土壤含水量融合及降雨数据获取灌区的灌溉面积。

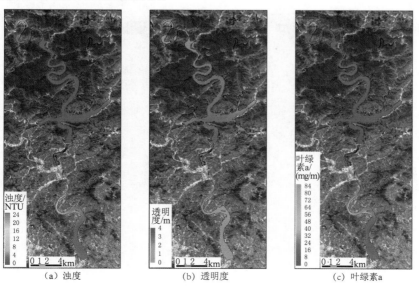

（a）浊度　　　　　　　　　（b）透明度　　　　　　　　　（c）叶绿素a

图 5-54（一）　2018 年 6 月 21 日 GF-1 WFV 图像反演水质参数结果分布图

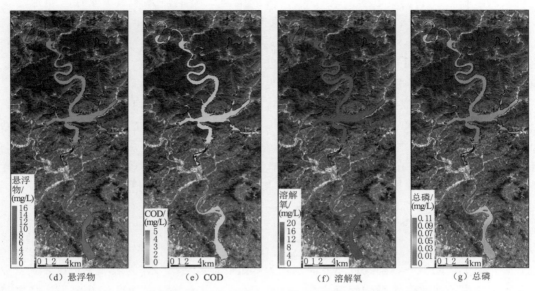

（d）悬浮物　　　　　（e）COD　　　　　（f）溶解氧　　　　　（g）总磷

图 5-54（二）　2018 年 6 月 21 日 GF-1 WFV 图像反演水质参数结果分布图

（1）种植结构成果。以 GF-1 数据为基础，基于光谱与纹理特征综合的方式提取 2018 年 3 月、6 月、9 月、12 月及 2019 年 3 月共 5 个月的种植结构数据，结果如图 5-55 所示。

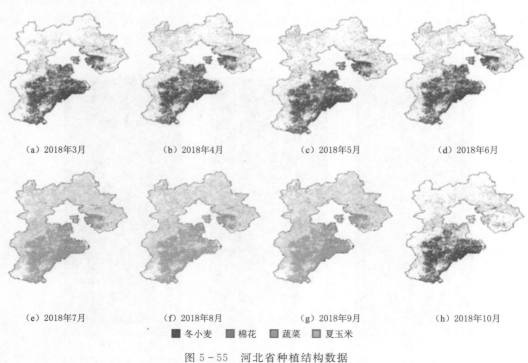

（a）2018年3月　　　（b）2018年4月　　　（c）2018年5月　　　（d）2018年6月

（e）2018年7月　　　（f）2018年8月　　　（g）2018年9月　　　（h）2018年10月

■ 冬小麦　■ 棉花　■ 蔬菜　■ 夏玉米

图 5-55　河北省种植结构数据

　　主要分析冬小麦、夏玉米、棉花、蔬菜等的分布，并将种植结构数据用于灌溉面积的提取分析中。

　　（2）土壤含水量反演。获取 2018 年 1 月 1 日至 2018 年 12 月 31 日云量小于 40% 的所有 GF-1 影像数据，计算 MPDI 并反演土壤含水量，与实测土壤含水量之间建立对应的线性关系，实现土壤含水量的遥感反演。其中土壤墒情站点的土壤湿度数据来自河北省水文局，包括 2018 年生长季（3—11 月）每旬的 10cm、20cm 和 40cm 的土壤含水量数据。河北省土壤含水量反演结果见图 5-56。

　　（3）土壤含水量融合。获取 2018 年 3—10 月云量小于 40% 的 GF-1 影像数据，计算并反演土壤含水量。同时结合相同日期的 MODIS 土壤含水量数据进行数据融合，最终获取逐日的土壤含水量数据产品，其结果如图 5-57 所示。

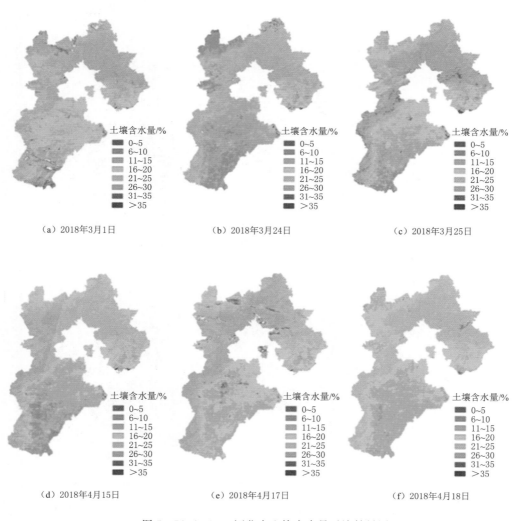

（a）2018年3月1日　　　　　（b）2018年3月24日　　　　　（c）2018年3月25日

（d）2018年4月15日　　　　　（e）2018年4月17日　　　　　（f）2018年4月18日

图 5-56（一）　河北省土壤含水量反演结果图

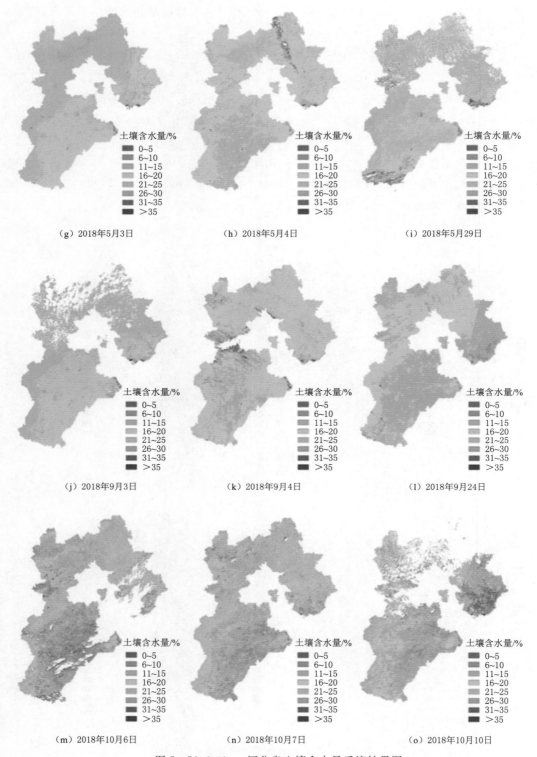

（g）2018年5月3日　　　　（h）2018年5月4日　　　　（i）2018年5月29日

（j）2018年9月3日　　　　（k）2018年9月4日　　　　（l）2018年9月24日

（m）2018年10月6日　　　　（n）2018年10月7日　　　　（o）2018年10月10日

图 5-56（二）　河北省土壤含水量反演结果图

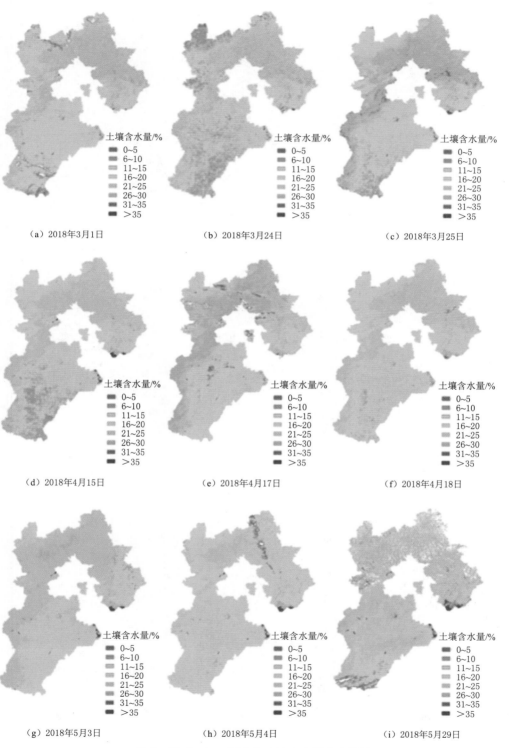

（a）2018年3月1日　　　　（b）2018年3月24日　　　　（c）2018年3月25日

（d）2018年4月15日　　　　（e）2018年4月17日　　　　（f）2018年4月18日

（g）2018年5月3日　　　　（h）2018年5月4日　　　　（i）2018年5月29日

图 5 - 57（一）　河北省土壤含水量融合结果

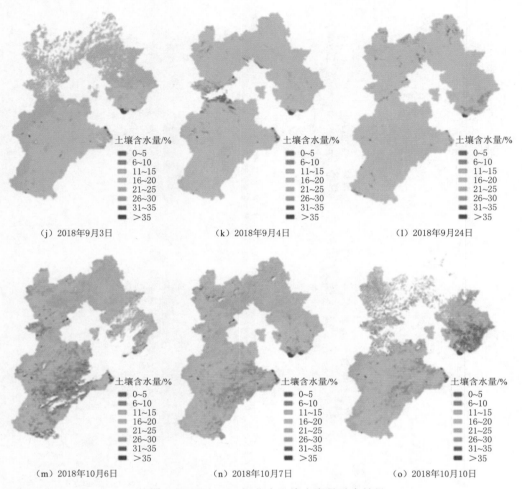

(j) 2018年9月3日 (k) 2018年9月4日 (l) 2018年9月24日

(m) 2018年10月6日 (n) 2018年10月7日 (o) 2018年10月10日

图 5-57（二） 河北省土壤含水量融合结果

（4）降水数据。分析降水数据，绘制河北省 4 个月中每旬的降雨量，结果如图 5-58 所示，并结合土壤含水量数据与种植结构数据共同为灌溉面积的识别做准备。

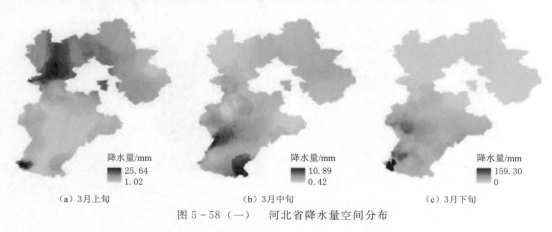

(a) 3月上旬 (b) 3月中旬 (c) 3月下旬

图 5-58（一） 河北省降水量空间分布

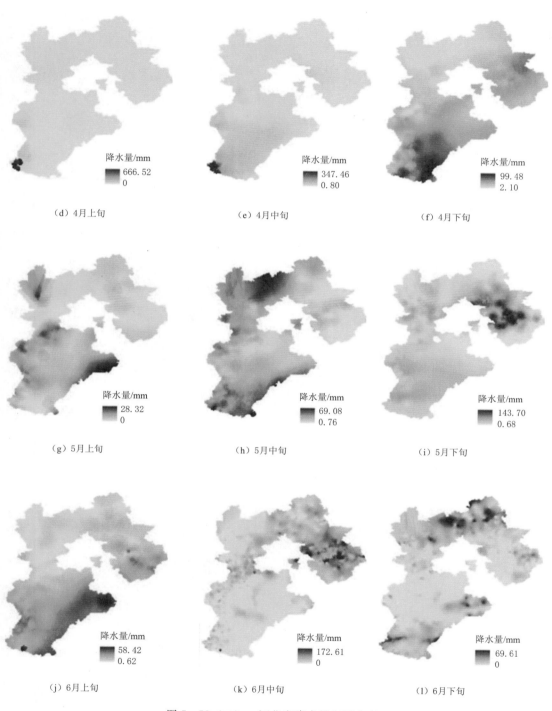

（d）4月上旬

降水量/mm
666.52
0

（e）4月中旬

降水量/mm
347.46
0.80

（f）4月下旬

降水量/mm
99.48
2.10

（g）5月上旬

降水量/mm
28.32
0

（h）5月中旬

降水量/mm
69.08
0.76

（i）5月下旬

降水量/mm
143.70
0.68

（j）6月上旬

降水量/mm
58.42
0.62

（k）6月中旬

降水量/mm
172.61
0

（l）6月下旬

降水量/mm
69.61
0

图 5-58（二） 河北省降水量空间分布

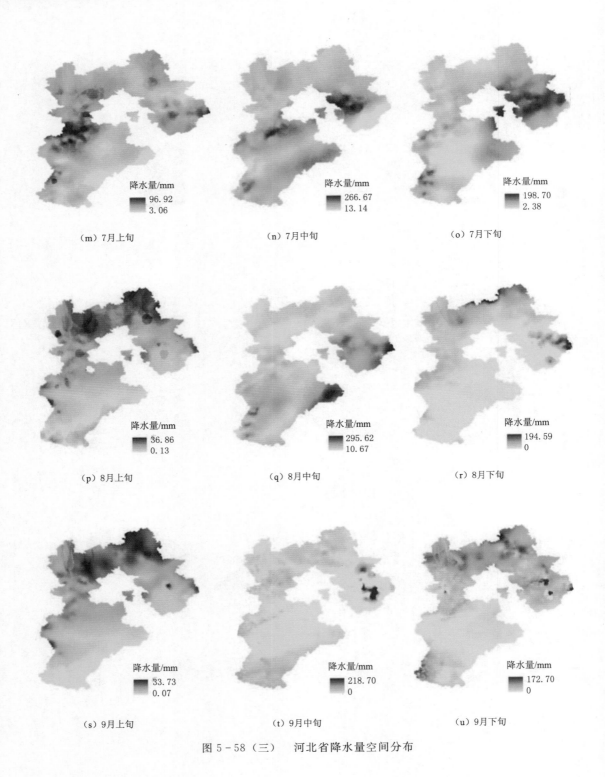

（m）7月上旬　　　　　　　　（n）7月中旬　　　　　　　　（o）7月下旬

（p）8月上旬　　　　　　　　（q）8月中旬　　　　　　　　（r）8月下旬

（s）9月上旬　　　　　　　　（t）9月中旬　　　　　　　　（u）9月下旬

图 5-58（三）　河北省降水量空间分布

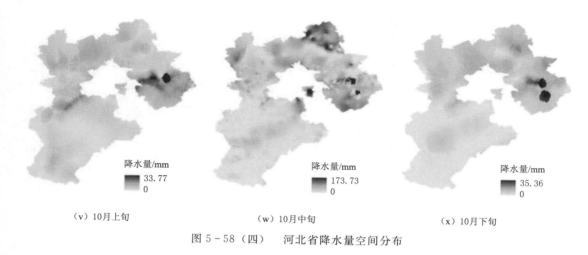

　　（v）10月上旬　　　　　　　　　（w）10月中旬　　　　　　　　　（x）10月下旬

图 5-58（四）　　河北省降水量空间分布

　　（5）灌溉面积提取。基于种植结构、土壤含水量及降水数据结合分析获取河北灌溉期3月、4月、5月、10月等月份的灌溉面积数据，见图 5-59 和表 5-56。

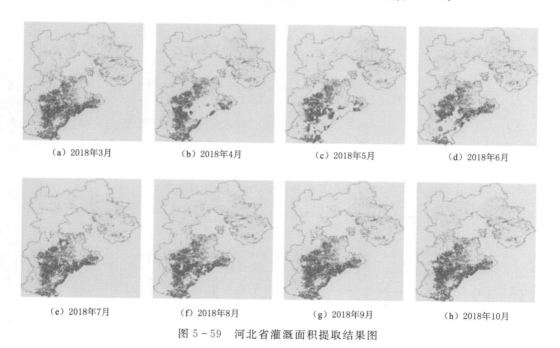

（a）2018年3月　　　　（b）2018年4月　　　　（c）2018年5月　　　　（d）2018年6月

（e）2018年7月　　　　（f）2018年8月　　　　（g）2018年9月　　　　（h）2018年10月

图 5-59　河北省灌溉面积提取结果图

表 5-56　　　　　　　　　　　　河北省 2018 年灌溉面积统计结果　　　　　　　　　单位：万亩

月份	3	4	5	6	7	8	9	10	全年
灌溉面积	4572	824	5675	5600	1426	1554	1553	4600	5675

第6章
水资源承载风险图集
制图规范与标准

在水资源承载风险评估与监测预警技术研究的基础上，本章将进一步开展水资源承载风险图集制图规范与标准的研究，作为对水资源承载风险研究的补充与完善，用于规范水资源承载风险图集的制图，为风险图集制作提供参考。

6.1　制图说明

6.1.1　范围

本标准根据国家水资源承载风险评估的需要，对水资源承载风险图集中涉及的符号的分类、尺寸、符号的方向和配置、符号的一般规定、图形颜色等做出明确规定；对具体的地理要素及水资源承载力研究涉及的符号名称、样式、色值、注记等做出规定和说明。

本标准适用于水资源承载风险图集所涉及的电子地图的绘制。

6.1.2　规范性引用文件

GB/T 12343.1—2008 国家基本比例尺地图编制规范 第1部分：1∶25000　1∶50000　1∶100000 地形图编制规范

GB/T 12343.2—2008 国家基本比例尺地图编制规范 第2部分：1∶250000 地形图编制规范

GB/T 12343.3—2009 国家基本比例尺地图编制规范 第3部分：1∶500000　1∶1000000 地形图编制规范

GB/T 20257.1—2007 国家基本比例尺地图图式 第1部分：1∶500　1∶1000　1∶2000 地形图图式

GB/T 20257.2—2006 国家基本比例尺地图图式 第2部分：1∶5 000　1∶10000 地形图图式

GB/T 20257.3—2006 国家基本比例尺地图图式 第3部分：1∶25000　1∶50000

1：100000 地形图图式

　　GB/T 20257.4—2007 国家基本比例尺地图图式 第 4 部分：1：250000　1：500000

1：1000000 地形图图式

　　CH/Z 9011—2011 地理信息公共服务平台电子地图数据规范

　　SZY 402—2013 空间信息图式

　　MZ/T 051—2014 综合自然灾害风险图（1：100000）制图规范

6.1.3　术语和定义

　　（1）水资源承载力：某一地区在一定经济社会和科学技术发展水平下，以生态、环境健康发展和社会经济可持续发展协调为前提的区域水资源系统能够支撑社会经济可持续发展的规模和能力。

　　（2）水资源承载风险：在气候变化和经济社会发展等不确定情景下，未来发生水资源过度开发利用、水环境污染及水生态恶化等水资源超载事件的可能性或概率。

6.2　制图规范

6.2.1　定位参考系统

　　坐标系统采用 WGS84 地理坐标系。

　　高程系统采用 1985 国家高程基准。

6.2.2　底图要素

　　底图要素包括：行政边界、主要行政中心、主要河流水系、主要湖泊等。

6.2.3　制图单元

　　制图的基本单元可划分为两类：

　　（1）矢量数据的基本制图单元通常为乡镇级。

　　（2）栅格数据的基本制图单元最大为千米格网。

6.2.4　图形符号

6.2.4.1　符号内容

　　符号内容包括基础地理信息类、水资源基础信息类和水资源承载风险专题类 3 大类符号。

6.2.4.2　符号样式

　　参考 6.3 节。

6.2.4.3　符号尺寸

　　（1）点状符号的直径、线状和面状符号的线宽均以毫米（mm）为单位。

　　（2）符号线的粗细、线段的长短和交叉线段的夹角等，没有说明的以本图式为准。缺省情况下，线粗为 0.1mm，点的直径为 0.3mm。

6.2.4.4 符号定位。

（1）点状符号。点状符号的定位有 3 种方式：①中心点定位，包括几何图形中心定位、几何组合图形下部图形中心定位。②底边中心点定位，包括宽底符号、底部为直角的符号。③区域定位，用点状符号表达图面区域面积较大的地物，其定位依据确定原则示意区域范围，亦可略去符号用单位名称注记表达。

（2）线状符号。线状符号的定位有两种方式：①中心线定位，如道路、河流等。②底边中心线定位，如国道、渠道等。

（3）面状符号。面状符号的定位有两种方式：①边线定位，确定范围、面积大小。②内置图案定位，不表示信息的具体位置，仅示意区域内的信息类别或类别组合。内部图案及色彩仅表示范围内的信息类别。

6.2.4.5 符号方向和配置。

（1）符号一般按真实方向表示，不具方向性的一般垂直于南图廓线。

（2）符号排列时一般按图式表示的间隔配置符号，面积较大时，符号间隔可放大 1～3 倍。在载幅量适宜的原则下，可采用注记的方法表示。还可将图中最多的一种不表示成符号，图外加附注说明，但一幅图或同一批图应统一。

注：配置是指所使用的符号为说明性符号，不具有定位意义。在地物分布范围内散列或整列式布列符号，用于表示面状地物的类别。

6.2.4.6 符号与注记颜色

地图符号与注记可采用多色或单色，多色图采用红、绿、蓝（RGB）3 色，按规定色值进行设色。

6.3 制图图式

6.3.1 基础地理信息类

基础地理信息类图形符号见表 6-1。

表 6-1 基础地理信息类图形符号

编号	符号名称	符 号 样 式	符号颜色（R，G，B）	符号说明（线宽/直径）
1	首都	★	(255, 0, 0)	3mm
2	省会	◉	(0, 0, 0)	2mm
3	国界	▬·▬·▬·	(0, 0, 0)	0.75mm
4	省级行政区界	▬ · ▬ ··	(0, 0, 0)	0.60mm
5	地级行政区界	▬ · ▬ ·	(0, 0, 0)	0.50mm
6	县级行政区界	▬ · ▬ ·	(0, 0, 0)	0.40mm
7	河流水系	▬▬▬	(0, 168, 236)	0.12～0.20mm

编号	符号名称	符 号 样 式	符号颜色（R，G，B）	符号说明（线宽/直径）
8	湖泊	龙湖	线：（0，204，255） 填充：（179，230，255）	0.1mm
9	水资源分区界	一级水资源分区	（77，92，1）	0.1mm
		二级水资源分区	（125，152，2）	
		三级水资源分区	（185，223，4）	
10	水功能区	—·—·—·—	（78，198，111）	0.1mm

6.3.2 水资源信息类

水资源信息类图形符号见表6-2。

表6-2   水资源信息类图形符号

编号	符号名称	符 号 样 式	符号颜色（R，G，B）	符号说明（线宽/mm）
1	降水量	1 2 3 4 5 6 7 8 9 10 11 12 13 14 15	1（228，252，283） 2（206，252，159） 3（186，250，141） 4（161，247，121） 5（133，247，101） 6（103，247，87） 7（74，247，80） 8（61，247，90） 9（48，247，105） 10（35，247，123） 11（26，240，137） 12（25，229，144） 13（22，217，148） 14（18，204，154） 15（17，194，159）	0.1

155

编号	符号名称	符 号 样 式	符号颜色（R，G，B）	符号说明（线宽/mm）
2	水资源量	1 2 3 4 5 6 7 8 9 10 11 12 13 14 15	1（202，243，252） 2（183，227，247） 3（161，204，240） 4（145，185，235） 5（129，162，230） 6（113，142，222） 7（100，131，217） 8（86，117，209） 9（75，105，204） 10（64，95，199） 11（51，87，191） 12（36，85，181） 13（26，85，173） 14（14，88，166） 15（5，89，158）	0.1
3	取水量	1 2 3 4 5 6 7 8 9 10 11 12 13 14 15	1（244，212，252） 2（236，193，247） 3（230，167，242） 4（226，149，240） 5（220，127，235） 6（214，11，230） 7（201，95，222） 8（188，81，214） 9（178，68，209） 10（165，54，201） 11（155，44，199） 12（148，35，204） 13（142，25，209） 14（130，15，212） 15（118，4，217）	0.1

续表

编号	符号名称	符 号 样 式	符号颜色（R，G，B）	符号说明（线宽/mm）
4	排水量	1 2 3 4 5 6 7 8 9 10 11 12 13 14 15	1（255，234，189） 2（255，222，155） 3（255，210，128） 4（255，200，104） 5（255，188，79） 6（255，173，51） 7（255，159，25） 8（255，149，0） 9（255，128，0） 10（255，109，0） 11（255，86，0） 12（255，64，0） 13（255，47，0） 14（255，30，0） 15（255，8，0）	0.1
5	水功能区水质类型	———— Ⅰ类 ———— Ⅱ类 ———— Ⅲ类 ———— Ⅳ类 ———— Ⅴ类 ———— 劣于Ⅴ类	Ⅰ 0，0，255 Ⅱ 116，111，181 Ⅲ 185，205，229 Ⅳ 204，213，93 Ⅴ 255，192，0 劣Ⅴ 255，255，0	0.1

6.3.3 水资源承载风险专题类

水资源承载风险专题类图形符号见表6-3。

表6-3　　　　　　　　水资源承载风险专题类图形符号

编号	符 号 名 称	符 号 样 式	符号颜色（R，G，B）	符号说明（线宽/mm）
1	气候变化风险	1 2 3 4 5	1（176，36，67） 2（225，85，87） 3（243，175，139） 4（249，222，168） 5（255，253，227）	0

续表

编号	符号名称	符号样式	符号颜色（R，G，B）	符号说明（线宽/mm）
2	城镇化发展风险	1 2 3 4 5	1（155，44，106） 2（199，126，162） 3（218，189，219） 4（200，205，230） 5（215，237，252）	0
3	产业布局风险	1 2 3 4 5	1（216，37，43） 2（232，119，67） 3（248，208，0） 4（188，208，33） 5（134，187，56）	0
4	水资源承载风险等级	1 2 3 4 5	1（4，251，103） 2（4，251，251） 3（4，128，251） 4（103，4，251） 5（251，4，79）	0

6.3.4 文字注记类

文字注记样式见表 6-4。

表 6-4　　　　　　　　　　文字注记样式

编号	注记名称	注记样式	注记颜色（R，G，B）	符号说明
1	首都	**北京**	（237，28，36）	字体：微软雅黑 大小：3.8；加粗
2	省级行政中心	**石家庄市**	（0，77，0）	字体：等线体 大小：3.2；加粗

编号	注记名称	注记样式	注记颜色（R，G，B）	符号说明
3	地级市行政中心	保定市	(137，90，137)	字体：等线体 大小：3.2；加粗
4	河流水系	黄河	(0，174，239)	字体：宋体、左斜； 大小：3.2
5	湖泊	太湖	(0，174，239)	字体：宋体、左斜； 大小：3.2
6	流域	黄河流域	(26，79，151)	字体：隶书； 大小：4

　　本书作为国家重点研发计划"国家水资源承载力评价与战略配置"（2016YFC04013）第七课题与"十三五"国家重点研发计划"重大自然灾害恢复重建规划、监测与评价关键技术研究"（2017YFC1502903）课题的主要研究成果，基于对水资源承载系统的解析，提出并界定了水资源承载风险的概念及其内涵，揭示了水资源承载风险的要素构成，水资源承载风险是由承载系统的脆弱性和致险因子的危险性共同作用的结果。其中，脆弱性是指水资源承载系统的脆弱程度，危险性是指水资源承载系统发生变化的概率及其严重程度。在此基础上系统地阐明了水资源承载风险的形成机理，并将水资源承载风险概念与其相关概念作了科学辨析，从而更加凸显水资源承载风险研究的重要意义与必要性；同时进一步分析了气候变化、人类活动等通过对量-质-域-流路径过程下水资源承载风险的影响及响应机制，重点对影响水资源承载风险的气候变化、产业结构、城镇发展、技术进步等因素进行了详尽的机理机制探究，力求厘清各主要因素对水资源承载风险的互馈关系。然后，基于水资源承载风险内涵与机理研究，通过文献分析总结归纳出影响水资源承载风险的水循环、生态-环境、经济-社会等 3 大类指标汇集表，按照指标的代表性、可获得性，采用层次分析法识别出水资源承载风险影响因子初集。最后借助 DEMATEL 法、主成分分析法与熵权法等定量方法，最终诊断识别出水资源承载风险的关键因子。

　　以灾害风险理论和水资源承载力理论为指导，从灾害形成过程中承灾体的脆弱性和致灾因子的危险性两方面构建水资源承载系统风险评估方法。首先，从支撑-压力-状态-响应的水资源复合系统出发，结合水资源的水量、水质、水域、水流 4 个方面，构建脆弱性评估指标体系，采用以模糊综合评价与层次分析法相结合的方法对水资源承载系统的脆弱性进行评估；其次，从气候变化、产业结构变化、城市化、政策因素等方面研究外部环境对水资源系统的危险性的影响，并构建危险性的评估方法；最后，将水资源承载系统的脆弱性与危险性相耦合，建立了水资源承载系统综合风险评估模型，评估水资源承载系统综合风险，并以全国为例对水资源承载系统的脆弱性、危险性及综合风险进行评估。研究结果表明京津冀地区的水资源承载系统脆弱性最高；西北地区的气候变化对水资源承载系统危险性高于中东部地区。城市化对水资源承载系统危险性主要集中在经济、城市化水平较高的地区。工业化对水资源承载系统危险性主要集中在中东部的海河流域和淮河流域。农业发展对水资源承载系统危险性具有北方地区高于南方地区、粮食主产区高于非主产区的趋势。而水资源承载系统综合风险具有北方地区高于南方地区，经济发达地区高于经济落后地区的特征。京津冀及其周边地区的水资源承载系统综合风险最为突出。该研究成果为水资源承载系统的风险评估提供了有效方法，并为全国及区域的水资源可持续利用提供了科学支撑。

在水资源承载风险概念解析、因子识别、方法构建和风险评估的基础下，提出了区域水资源承载风险监测预警的理论模型、警报准则和体系框架。具体来说，水资源承载风险监测预警的关键是识别气候变化、城镇化和产业结构等致灾因子引发水资源承载系统各级风险的阈值，因此水资源承载风险监测预警的理论模型根据风险随时间的变化关系，划分了无警、轻警、中警和重警 4 种警情；在预警指标的选择上，气候变化、城镇化、农业发展水平和工业发展水平 4 个致灾因子具体化为综合气象干旱指数、城市化危险性指数、农业发展危险性指数和工业发展危险性指数，并给出了各种致灾因子由低风险到中风险、中风险到较高风险、较高风险到高风险阈值的空间分布。总体上来说，受水资源承载系统脆弱性空间分布格局的影响，我国各种致灾因子水资源承载风险的各级阈值均呈现西部南部大、东部北部小的总体格局，京津冀地区构成了我国水资源承载风险预警各级阈值最小的地区，而西藏、广西和四川 3 个省级行政区依次是各级阈值最高的前三名。水资源承载风险监测预警体系框架包含监测层、预警层、决策层和反馈调控层 4 个层次。基于该框架，这里给出了水资源承载风险监测预警的基本流程。

基于水资源承载风险评估和预警的成果，分析国家水资源承载风险预警对遥感动态监测系统的信息获取需求的影响，研究以国产卫星为主的水资源承载风险监测体系布局，提出国家水资源承载风险遥感动态监测系统的总体建设方案、系统原型。其主要成果有：①分析了水资源承载风险的遥感动态监测需求。从监测系统建设的用户使用及业务需求、系统监测的业务内容需求和监测所用的数据需求角度，对遥感动态监测的需求进行了系统梳理，明确了系统建设的目标。②提出了水资源承载风险遥感监测体系布局方案。在对遥感卫星监测能力评估的基础上，针对水资源承载风险因子，提出了单一要素监测和多种要素同时监测的多星协同的水资源承载风险监测布局方案，为监测系统提供数据支撑。③设计了国家水资源承载风险遥感动态监测系统总体方案，并构建了系统原型。从监测系统的建设目标、总体框架、总体功能及接口设计、产品输出等角度，设计了国家水资源承载风险遥感动态监测系统总体方案，并以此为基础开展了系统原型建设，实现了数据下载及管理、数据处理、产品生产和展示等功能。

参 考 文 献

鲍超，方创琳，2010. 城市化与水资源开发利用的互动机理及调控模式 [J]. 城市发展研究，17（12）：19-23，65.

陈锦，李东庆，孟庆州，等，2009. 江河源区的湿地退化现状与驱动力分析 [J]. 干旱区资源与环境，23（4）：43-49.

陈亚宁，李稚，方功焕，等，2017. 气候变化对中亚天山山区水资源影响研究 [J]. 地理学报，72（1）：18-26.

丁永建，炳洪涛，1996. 近 40 年来冰川物质平衡变化及对气候变化的响应 [J]. 冰川冻土（S1）：23-32.

董哲仁，2003. 水利工程对生态系统的胁迫 [J]. 水利水电技术，34（7）：1-5.

杜文涛，周萍，赵萌醒，等，2019. CMORPH 数据在吉林省降雨侵蚀力计算中的应用 [J]. 中国水土保持（6）：31-33.

樊杰，周侃，王亚飞，2017. 全国资源环境承载能力预警（2016 版）的基点和技术方法进展 [J]. 地理科学进展，36（3）：266-276.

韩宇平，阮本清，解建仓，2003. 水资源系统风险评估研究 [J]. 西安理工大学学报，19（1）：41-45.

胡琼，吴文斌，宋茜，等，2015. 农作物种植结构遥感提取研究进展 [J]. 中国农业科学，48（10）：1900-1914.

贾绍凤，张士锋，杨红，等，2004. 工业用水与经济发展的关系——用水库兹涅茨曲线 [J]. 自然资源学报，19（3）：279-284.

贾诗超，薛东剑，李成绕，等，2019. 基于 Sentinel-1 数据的水体信息提取方法研究 [J]. 人民长江，50（2）：217-221.

建剑波，曾智珍，卢金阁，等，2020. 基于蒙特卡洛法的水库汛限水位动态控制风险分析 [J]. 河南水利与南水北调，49（2）：18-20.

江渊，王文，边增淦，2020. 基于偏差校正和三重组合分析的主，被动微波土壤湿度数据融合 [J]. 水资源与水工程学报，31（2）：212-221.

柯映明，沈占锋，李均力，等，2019. 1994—2018 年新疆塔河干流农作物播种面积时空变化及影响因素分析 [J]. 农业工程学报，35（18）：180-188.

李伯祥，陈晓勇，徐雯婷，2019. 基于 SMOS 降尺度数据的土壤水分时空变化分析研究 [J]. 中国农村水利水电（8）：5-11.

李超，2019. 基于差值指数的毛乌素沙地荒漠化监测分析 [D]. 南昌：东华理工大学.

李峰平，章光新，董李勤，2013. 气候变化对水循环与水资源的影响研究综述 [J]. 地理科学，33（4）：457-464.

李海辰，王志强，廖卫红，等，2016. 中国水资源承载能力监测预警机制设计 [J]. 中国人口资源与环境，26（5）：316-319.

李海涛，邵泽东，2020. 基于头脑风暴优化算法与 BP 神经网络的海水水质评价模型研究 [J]. 应用海洋学学报，39（1）：57-62.

李九一，李丽娟，柳玉梅，等，2010. 区域尺度水资源短缺风险评估与决策体系——以京津唐地区为例 [J]. 地理科学进展，29（9）：1041-1048.

李宁，刘晋羽，谢涛，2015. 水资源环境承载能力监测预警平台设计探讨 [J]. 环境科技，28（2）：

57 -61.

李婉晖，徐涵秋，2009. 基于生物光学模型的晋江悬浮物遥感估算 [J]. 环境科学学报，29（5）：
1113 -1120.

李小青，吴蓉璋，2005. 用 GPROF 算法反演降水强度和水凝物垂直结构 [J]. 应用气象学报（6）：
705 -716.

李喆，谭德宝，秦其明，等，2010. 垂直干旱指数在湖北漳河灌区遥感旱情监测中的应用 [J]. 长江科
学院院报，27（1）：67 -22.

廖梦思，章新平，黄煌，等，2016. 利用 GRACE 卫星监测近 10 年洞庭湖流域水储量变化 [J]. 地球物
理学进展，31（1）：61 -68.

刘佳骏，董锁成，李泽红，2011. 中国水资源承载力综合评价研究 [J]. 自然资源学报，26（2）：
258 -269.

刘悦忆，朱金峰，赵建世，2016. 河流生态流量研究发展历程与前沿 [J]. 水力发电学报，35（12）：
23 -34.

吕振豫，穆建新，刘姗姗，2017. 气候变化和人类活动对流域水环境的影响研究进展 [J]. 中国农村水
利水电（2）：65 - 72，76.

马建威，黄诗峰，许宗男，2017. 基于遥感的 1973—2015 年武汉市湖泊水域面积动态监测与分析研究
[J]. 水利学报，48（8）：903 - 913.

米素娟，吴青柏，沈兵，等，2019. 基于热惯量的土壤湿度估算研究 [J]. 测绘与空间地理信息，42
（10）：11 - 14.

穆秀春，2005. 基于统计回归的污水处理出水水质的软测量研究 [D]. 杭州：浙江工业大学.

钱龙霞，张韧，王红瑞，等，2016. 基于 Logistic 回归和 DEA 的水资源供需月风险评价模型及其应用
[J]. 自然资源学报，31（1）：177 - 186.

秦大河，2014. 气候变化科学与人类可持续发展 [J]. 地理科学进展，33（7）：874 - 883.

阮本清，韩宇平，王浩，等，2005. 水资源短缺风险的模糊综合评价 [J]. 水利学报（8）：906 - 912.

芮孝芳，2004. 水文学的机遇及应着重研究的若干领域 [J]. 中国水利（7）：22 - 24.

申哲民，张涛，马晶，等，2011. 富营养化与温度因素对太湖藻类生长的影响研究 [J]. 环境监控与预
警，3（2）：1 - 4.

史培军，2005. 四论灾害系统研究的理论与实践 [J]. 自然灾害学报，14（6）：1 - 7.

宋晓猛，张建云，占车生，等，2013. 气候变化和人类活动对水文循环影响研究进展 [J]. 水利学报，
44（7）：779 - 790.

孙建芸，袁琳，王新生，等，2017. 基于 GF - 1 卫星的丹江口水库水面面积-蓄水量-水位相关性研究
[J]. 南水北调与水利科技，15（5）：89 - 96.

汪西莉，周兆永，延军平，2009. 应用 GA - SVM 的渭河水质参数多光谱遥感反演 [J]. 遥感学报，13
（4）：735 - 744.

王浩，杨贵羽，杨朝晖，2013. 水土资源约束下保障粮食安全的战略思考 [J]. 中国科学院院刊，28
（3）：321，329 - 336.

王红瑞，钱龙霞，许新宜，等，2009. 基于模糊概率的水资源短缺风险评价模型及其应用 [J]. 水利学
报，40（7）：813 - 821.

王加义，陈家金，林晶，等，2012. 基于信息扩散理论的福建省农业水灾风险评估 [J]. 自然资源学
报，27（9）：1497 - 1506.

王建华，2017. 国家水资源承载力评价与战略配置 [J]. 中国环境管理，9（4）：111 - 112.

王建华，杨志，2010. 气候变化将对用水需求带来影响 [J]. 中国水利（1）：5 - 5.

夏军，刘孟雨，贾绍凤，等，2004. 华北地区水资源及水安全问题的思考与研究 [J]. 自然资源学报，
19（5）：550 - 560.

夏军，张永勇，王中根，等，2006. 城市化地区水资源承载力研究 [J]. 水利学报（12）：1482-1488.

夏星辉，吴琼，牟新利，2012. 全球气候变化对地表水环境质量影响研究进展 [J]. 水科学进展，23（1）：124-133.

肖茜，杨昆，洪亮，2018. 近30a云贵高原湖泊表面水体面积变化遥感监测与时空分析 [J]. 湖泊科学，30（4）：1083-1096.

熊元康，张清凌，2019. 基于NDVI时间序列影像的天山北坡经济带农业种植结构提取 [J]. 干旱区地理，42（5）：1105-1114.

晏利斌，刘晓东，2011. 1982—2006年京津冀地区植被时空变化及其与降水和地面气温的联系 [J]. 生态环境学报，20（2）：226-232.

于开宁，2001. 城市化对地下水补给的影响——以石家庄市为例 [J]. 地球学报，22（2）：175-178.

袁牛涛，刘展威，刘菊，2018. 城市建成区边界提取方法综述 [J]. 河北企业（5）：64-65.

翟盘茂，潘晓华，2003. 中国北方近50年温度和降水极端事件变化 [J]. 地理学报，58（s1）：1-10.

张光辉，费宇红，刘春华，等，2013. 华北平原灌溉用水强度与地下水承载力适应性状况 [J]. 农业工程学报，29（1）：1-10.

张华丽，董婕，延军平，等，2009. 西安市城市生活用水对气候变化响应分析 [J]. 资源科学，31（6）：1040-1045.

张建云，宋晓猛，王国庆，等，2014. 变化环境下城市水文学的发展与挑战——Ⅰ. 城市水文效应 [J]. 水科学进展，29（7）：192-197.

张娜，乌力吉，刘松涛，等，2015. 呼伦湖地区气候变化特征及其对湖泊面积的影响 [J]. 干旱区资源与环境，29（7）：192-197.

张士锋，陈俊旭，2009. 华北地区缺水风险研究 [J]. 自然资源学报，24（7）：1192-1199.

赵娟，史文兵，穆兴民，2015. 基于DEMATEL方法的水资源承载力影响因素分析 [J]. 生态经济，31（9）：166-169.

周远刚，赵锐锋，张丽华，等，2019. 博格达峰地区冰川和积雪变化遥感监测及影响因素分析 [J]. 干旱区地理，42（6）：1395-1403.

Bakker K, Downing T E, 2000. Drought discourse and vulnerability [M] // Wilhite D A. Drought：A global assessment, natural hazards and disasters series. London：Routledge Publishers：1-18.

Blaikie P M, Cannon T, Davis I, et al, 1996. At Risk：Natural Hazards, People's Vulnerability, and Disasters [J]. Population & Development Review, 22 (1)：169-170.

Boo K O, Kwon W T, Baek H J, 2006. Change of extreme events of temperature and precipitation over Korea using regional projection of future climate change [J]. Geophysical Research Letters, 33 (1)：313-324.

Choi G, Collins D, Ren G, et al, 2010. Changes in means and extreme events of temperature and precipitation in the Asia - Pacific Network region, 1955 - 2007 [J]. International Journal of Climatology, 29 (13)：1906-1925.

Davies E G R, Simonovic S P, 2011. Global water resources modeling with an integrated model of the social - economic - environmental system [J]. Advances in Water Resources, 34 (6)：684-700.

Davis K F, Rulli M C, Seveso A, et al, 2017. Increased food production and reduced water use through optimized crop distribution [J]. Nature Geoscience, 10：919-924.

Downing T E, 1999. Climate, Change and Risk [J]. Disaster Prevention & Management, 8 (5)：370-452.

Gao C, Zhang Z, Zhai J, et al, 2015. Research on meteorological thresholds of drought and flood disaster：a case study in the Huai River Basin, China [J]. Stochastic Environmental Research & Risk Assessment, 29 (1)：157-167.

Garcia O，1981. A Comparison of Two Satellite Rainfall Estimates for GATE［J］. Journal of Applied Meteorology，20：430 – 438.

Haynes J，1895. Risk as an Economic Factor［J］. Quarterly Journal of Economics，9（4）：409 – 449.

IPCC，2012. Managing the risks of extreme events and disasters to advance climate change adaptation：special report of the Intergovernmental Panel on Climate Change［M］. Cambridge and New York：Cambridge University Press.

Liu J，Zehnder A J B，Yang H，2009. Global consumptive water use for crop production：The importance of green water and virtual water［J］. Water Resources Research，45：641 – 648.

Liu Y，Zhang J J，Zhu C H，et al，2019. Fuzzy – support vector machine geotechnical risk analysis method based on Bayesian network［J］. Journal of Mountain Science，16（8）：1975 – 1985.

Marshall E，Randhir T，2018. Effect of Climate Change on Watershed System：A Regional Analysis［J］. Climatic Change，89（3 – 4）：263 – 280.

Rajagopalan K，Chinnayakanahalli K J，Stockle C O，et al，2018. Impacts of Near‐Term Climate Change on Irrigation Demands and Crop Yields in the Columbia River Basin［J］. Water Resources Research，54（3）：2152 – 2182.

Wilhite D A，Hayes M J，Knutson C，et al，2000. Planning for Drought：Moving from Crisis to Risk Management［J］. Journal of the American Water Resources Association，36（4）：697 – 710.

Wu D，Chen F，Kai L，et al，2016. Effects of climate change and human activity on lake shrinkage in Gonghe Basin of northeastern Tibetan Plateau during the past 60 years［J］. Journal of Arid Land，8（4）：479 – 491.

Xu C，Chen Y，Yang Y，et al，2010. Hydrology and water resources variation and its response to regional climate change in Xinjiang［J］. Journal of Geographical Sciences，20（4）：599 – 612.

Amano Y，Sakai Y，Sekiya T，et al，2010. Effect of phosphorus fluctuation caused by river water dilution in eutrophic lake on competition between blue – green alga *Microcystis aeruginosa* and diatom *Cyclotella* sp.［J］. Journal of Environmental Sciences，22（11）：1666 – 1673.